AF483968

La esencia de los doce signos del Zodiaco

Leo Kabal

Editorial ⊙ Creación

Si este libro le ha gustado y desea más información sobre nuestras publicaciones, puede consultar nuestra web: www.editorialcreacion.com, donde encontrará amplia información actualizada y podrá descargarse nuestro catálogo, el índice y un extracto de todos nuestros títulos.

Temática: Astrología, Horóscopos, Angelología
Colección: Esencia Cósmica

© Leo Kabal
© Editorial Creación
   Jaime Marquet, 9
   28200 - San Lorenzo de El Escorial
   (Madrid)
   Tel.: 91 890 47 33
   http://www.editorialcreacion.com
   http://editorialcreacion.blogspot.com/

Primera edición: junio de 2013

ISBN: 978-84-15676-38-6

Depósito Legal: M-14529-2013

Maquetación: Mejiel

ÍNDICE

INTRODUCCIÓN

Saber hoy a ciencia cierta cuándo empezó la Humanidad a interesarse por los astros y cuáles fueron las bases de lo que se conoce como Astrología, es una tarea difícil, por no decir imposible.

No obstante, cuando miramos hacia atrás en el tiempo intentando buscar un origen, encontramos que la mayoría de los pueblos de la antigüedad tenían muy en cuenta las posiciones planetarias a la hora de tomar decisiones importantes. Todo el mundo creía en ella y los reyes tenían a sus propios astrólogos, a los que consultaban para tomar las decisiones relevantes.

Aunque la ciencia astrológica se remonta más atrás en el tiempo, los doce signos astrológicos, tal como los conocemos hoy, aparecieron en Babilonia, en el siglo V a. C. Este sistema consiste en la división del cielo en doce partes iguales de 30 grados cada uno.

Pero signos y constelaciones no son lo mismo, aunque muchos hayan querido confundir los términos para desacreditar a los astrólogos y la Astrología. Expliquemos la diferencia.

La Eclíptica es el círculo imaginario que atraviesa el Sol en su recorrido anual aparente alrededor de la Tierra, aunque en realidad se trata de una proyección en los cielos de la línea imaginaria que dibuja la Tierra en su movimiento de traslación (recorrido anual alrededor del Sol).

A un lado y otro de la Eclíptica hay una franja celeste denominada Zodiaco, dentro de la cual permanecen el Sol, la Luna y los planetas. En esta franja hay doce constelaciones cuyos nombres son los mismos que el de los doce signos. Pero a diferencia de los signos, las constelaciones tienen una longitud desigual, es decir, no miden 30 grados cada una, sino que unas miden más y otras, menos.

Hay algunos astrólogos que afirman que primero fueron los signos y después vinieron las constelaciones. Es decir, los signos fueron dados a la humanidad primitiva por inspiración. Después, el hombre buscó algo semejante en los cielos y encontró las constelaciones.

Sea como fuere, lo importante es que los signos astrológicos y las constelaciones de estrellas no son lo mismo. Los signos son sectores del Zodiaco de 30 grados cada uno y las constelaciones tienen una longitud diferente. Además, debido a la precesión de los equinoccios, tampoco coinciden en el comienzo de la primavera, cuando el Sol cruza el ecuador celeste, sino que, en ese punto, el Sol cruza el grado cero de Aries en lo referente a los signos, mientras que en lo referente a las constelaciones, varía. Ese es el motivo de que cuando el Sol se encuentra en el signo de Aries, actualmente lo hace en la constelación de Piscis. Es también la base para afirmar que la Humanidad está actualmente en la Era de Piscis y camina hacia la Era de Acuario.

Pero en lo referente a los signos, esto no debe preocuparnos, ya que siguen siendo los mismos, y las fechas en las que rigen cada uno de ellos permanecen invariables.

Según algunos astrólogos modernos, la Astrología no es solo un sistema de predicción, sino que comprende la esencia cósmica de la cual todos nos nutrimos tanto material como espiritualmente. De hecho, los nombres de los doce signos corresponden a doce entidades espirituales que se ocupan de hacernos llegar la energía con la que construimos y desarrollamos nuestra existencia.

En el principio de los tiempos, al iniciar la creación de nuestro Sistema Solar, Dios trazó un espacio, de donde tomó la esencia para que su obra creciera y se multiplicara. Este espacio es conocido con el nombre de Zodiaco. De este Zodiaco procede la esencia que ha dado forma a todo lo que existe hoy en nuestro Sistema Solar, incluidos nosotros.

De lo que antecede podemos deducir que el Zodiaco es mucho más importante de lo podría parecer a primera vista, pues sin él no existiría nada en nuestro universo solar.

Vemos así que el Zodiaco marca la evolución de la Humanidad a través de los signos conocidos como Aries, Tauro, Géminis, Cáncer, Leo, Virgo, Libra, Escorpio, Sagitario, Capricornio, Acuario y Piscis. Cada individuo debe renacer constantemente en los distintos signos para evolucionar mediante las vivencias que cada uno le aporta.

Así, en el sentido cósmico, cuando nacemos en Aries, traemos al mundo un nuevo designio divino, un proyecto original, que iremos desarrollando a través de las distintas etapas, es decir, en las distintas encarnaciones por las que hemos de pasar. La rueda astrológica se convierte así en la rueda de los renacimientos a través de los cuales evolucionamos desde la inconsciencia hacia la omnisciencia. La meta es convertirnos algún día en dioses creadores. El orden evolutivo sigue un orden distinto del de la rueda astrológica, que como sabemos es Aries, Tauro, Leo, etc., hasta Piscis.

En el orden cósmico primero es el Fuego: Aries, Leo y Sagitario. Segundo, el Agua: Cáncer, Escorpio y Piscis. Tercero, el Aire: Libra, Acuario y Géminis. Y por último, la Tierra: Capricornio, Tauro y Virgo.

Este sería el orden lógico en la evolución. O sea, primero encarnaríamos en los signos de Fuego, luego en los de Agua, etc. Y, al llegar al último signo de Tierra: Virgo habríamos culminado nuestra evolución y adquirido todas las experiencias necesarias para llegar a ser dioses creadores. Pero este orden fue roto porque los hombres no fuimos capaces de asimilar las energías divinas tal como se nos iban proporcionando. De esta forma, unas veces fuimos hacia adelante y otras hacia atrás, unas veces avanzando y otras quedándonos rezagados.

Por este motivo, tenemos que culminar varios ciclos desde Aries a Virgo antes de alcanzar la perfección, pero ahora ya no seguimos el orden primordial: Fuego, Agua, Aire y Tierra, sino que, debido al estancamiento en algunas etapas, tenemos que volver a ellas de nuevo. Por eso, en una encarnación podemos nacer en Aries, mientras que en la siguiente lo hacemos en Tauro o Libra, dependiendo de los trabajos pendientes de realizar que hayamos dejado en el camino.

El signo del horóscopo bajo el cual hemos nacido marca únicamente el lugar del sol en nuestra carta natal. Para un estudio más profundo, cada lector debe recurrir a la interpretación de su carta astral completa, porque ella le descubrirá muchos más aspectos de su personalidad y su trabajo en la vida presente que el estudio simple del signo bajo el cual ha nacido. Aunque sin duda el sol en un horóscopo marca el lugar donde se instala nuestro Yo en la presente encarnación para poder llevar a cabo su programa de vida marcado por las demás tendencias de nuestra carta de nacimiento. Por ese motivo, cualquier estudio sobre él es de la máxima importancia. Más adelante, si el lector lo desea, podrá estudiar su carta con profundidad y desarrollar su potencial en todos los aspectos. Mientras tanto, le ofrecemos este pequeño estudio para que pueda conocerse un poco más y aprenda a conducirse de acuerdo con la energía de los astros para hacer su vida un poco más llevadera.

LOS DOCE SIGNOS DEL ZODIACO

LA ALEGORÍA DE LOS DOCE SIGNOS

… Y era de mañana cuando Dios se puso ante sus doce hijos e implantó en cada uno de ellos la semilla de la vida humana. Cada hijo, uno a uno, dio un paso a adelante para recibir el don que se le había destinado.

«Tú, Aries, eres el primero en recibir la semilla para que recaiga en ti el honor de poder plantarla. Que cada semilla que plantes se convierta en un millón en tus manos. No tendrás tiempo de ver cómo crece la semilla, porque todo lo que plantes crecerá nuevamente, y también deberá ser plantado. Serás el primero en penetrar la tierra de la mente humana con Mi Idea. Pero no te incumbe el nutrir la Idea ni tampoco el cuestionarla. Tu vida es la acción y la única acción que te impongo es la de que el hombre empiece a ser consciente de Mi Creación. Para que trabajes eficazmente te doy la virtud de la AUTOESTIMA.

Y Aries volvió lentamente a su sitio.

«A ti, Tauro, te doy el poder de conseguir que crezca la semilla. Tu tarea es grande y requiere paciencia, porque debes terminar todo aquello que está comenzado, de lo contrario las semillas se las llevaría el viento. No debes preguntar nada, tampoco podrás cambiar de parecer mientras trabajes, ni confiar a los demás aquello que Yo te pido que realices. Por eso te doy el don de la FUERZA. Empléala con sabiduría».

Y Tauro volvió a su sitio.

«A ti, GEMINIS, te doy las preguntas sin respuestas, para que aportes a todos una compresión de aquello que ven en su entorno. Nunca sabrás por qué los hombres hablan o escuchan, pero en tu búsqueda de respuesta, encontrarás mi don, el CONOCIMIENTO»

Y Géminis volvió a su sitio.

«A ti, CANCER, te doy la tarea de enseñar a los hombres lo que son las emociones. Mi Idea es que les hagas reír y llorar, para que aquello que vean y piensen les ayude a desarrollar la plenitud interior. Por eso te entrego el don de LA FAMILIA, para que tu plenitud pueda multiplicarse.

Y Cáncer volvió a su sitio.

«A ti, LEO, te doy la tarea de mostrar Mi Creación al mundo, con todo su esplendor. Pero tienes que protegerte del orgullo y recordar siempre que es Mi Creación y no la tuya. Porque, si lo olvidas, los hombres te despreciarán. Hay mucha alegría en el trabajo que te doy, si lo haces bien. Por eso tendrás el don de el HONOR».

Y Leo volvió a su sitio.

«A ti, VIRGO, te pido que examines todo aquello que ha hecho el hombre con Mi Creación. Escrutarás con agudeza sus caminos y les recordarás sus errores, para que Mi Creación pueda perfeccionarse a través de ti. Para que lo cumplas te concedo el don de la PUREZA DE PENSAMIENTO».

Y Virgo se retiró a su lugar.

«A ti, LIBRA, te doy la misión del servicio, para que el hombre se acuerde de sus deberes hacia los demás. Para que aprenda a cooperar y reflejar en otra parte sus acciones. Te situaré allá donde exista discordia, y para tus esfuerzos te daré el don de EL AMOR».

Y Libra volvió a su lugar.

«A ti, ESCORPIO, te doy una tarea muy difícil. Poseerás la habilidad de conocer la mente humana, pero no te permitiré que hables de todo lo que sepas. Con frecuencia te sentirás triste por lo que verás y en tu dolor te alejarás de Mí, y te olvidarás de que no soy Yo, sino la perversión de lo que es Mi Idea lo que te produce este dolor. Verás en el hombre tantas cosas que acabará por parecerte un animal, y lucharás de tal forma con los instintos animales que hay en ti mismo que te desviarás del camino, pero cuando finalmente vuelvas a Mí, Escorpio, tengo para ti el don supremo de el PROPÓSITO»

Y Escorpio también se retiró.

«SAGITARIO, a ti te pido que hagas reír al hombre, pues en medio de la mala comprensión de Mi Idea, a veces se llena de amargura. Mediante la risa darás esperanza a la humanidad, y a través de la esperanza harás que vuelvan sus ojos hacia Mí. Contactarás con muchas vidas, aunque sea por un momento, y co-nocerás la inquietud en todas las vidas con las que contactes. A ti, Sagitario, te doy el don de LA ABUNDANCIA INFINITA, para que las esparzas abundantemente y llegues a todos los oscuros rincones aportándoles luz».

Y Sagitario se volvió a situar en su lugar.

«A ti, CAPRICORNIO, te pido el sudor de tu frente, que pue-das enseñar a los hombres a trabajar. Tu tarea no es sencilla, pues sentirás todos los trabajos de los demás encima de tus espaldas, pero como compensación a tus cargas pongo LA RESPONSABI-LIDAD del hombre en tus manos».

Y Capricornio volvió a su lugar.

«A ti, ACUARIO, te doy la visión del futuro, para que el hombre pueda ver nuevas posibilidades. Padecerás el dolor de la soledad porque no te permito personalizar Mi Amor. Pero, para que endereces la mirada del hombre hacia nuevos horizontes, te doy el don de LA LIBERTAD, a fin de que en ella puedas seguir sirviendo a la Humanidad allá donde sea menester».

Y Acuario volvió a su lugar.

«A ti, PISCIS, te doy la tarea más difícil. Te pido que recojas toda la pena del hombre y que me la devuelvas. Tus lágrimas serán, finalmente, mis lágrimas. Las penas que absorberás serán el producto de la mala comprensión de Mi Idea por parte de los hombres, pero tienes que mostrarles compasión para que vuelvan a intentarlo. Para ésta, la más difícil de todas las tareas, te doy el más grande de los dones. Serás el único de mis doce hijos que Me conocerá y comprenderá. Pero este don de LA COMPRENSION, Piscis, es para ti, porque cuando intentes difundirlo, el hombre no te escuchará».

Y Piscis volvió a su lugar.

Entonces Dios dijo: «Cada uno de vosotros tiene una parte de Mi Idea. No confundáis esta parte con la totalidad de Mi Idea, ni intentéis cambiaros las partes entre vosotros.

Porque cada uno de vosotros es perfecto, pero eso no lo sabréis hasta que los doce seáis uno. En este momento Mi Idea, en su totalidad, será revelada a cada uno de vosotros».

Y los hijos se fueron, decidiendo cada cual hacer su trabajo lo mejor posible, para poder recibir su don. Pero ninguno comprendió totalmente su tarea ni su don, y cuando volvieron confusos, Dios les dijo: «Cada cual cree que los otros dones son mejores. Así, pues, os permitiré intercambiarlos».

Y, de momento, cada hijo se entusiasmó considerando todas las posibilidades de su nueva misión. Pero Dios se sonrió diciendo: «Volveréis a mí muchas veces, pidiendo que os releve de vuestra misión, y cada vez os concederé vuestro deseo. Pasaréis por incontables encarnaciones antes de que cumpláis la misión original que os he prescrito. Os concedo un tiempo ilimitado para llevarlo a cabo, y solo cuando lo hayáis conseguido podréis estar conmigo».

Aries

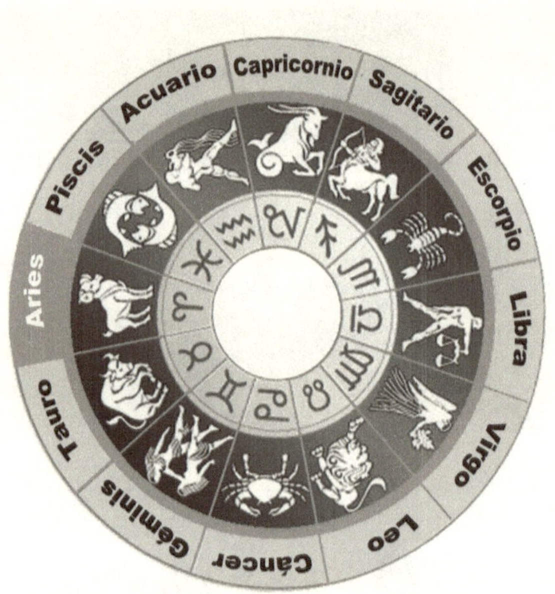

Piscis
Acuario
Capricornio
Sagitario
Escorpio
Libra
Virgo
Leo
Cáncer
Géminis
Tauro
Aries

ARIES

21 de marzo al 20 de abril

Conexión con la fuente de energía divina

Elemento: Fuego

Símbolo: ♈

Color: Rojo

Planeta regente: Marte

Gemas: Rubí, diamante, amatista

Metal: Hierro, imán

Día de la semana: Martes

Números de la suerte: 9 y 1

SÍMBOLOS DE ARIES Y MARTE

♈ ♂

El símbolo de Aries son los cuernos del morueco o carnero padre: ♈, que se relaciona con la penetración de fuerzas de la primavera, que irrumpe después de la estación invernal.

Su planeta regente es Marte, cuyo símbolo (♂) al principio era una cruz sobre un círculo (♁), aunque ha variado con el tiempo, El círculo representa al espíritu; y la cruz, a la materia. Este símbolo indica que la materia domina sobre el espíritu. Por lo cual, el nativo de Aries en su base trabaja moldeando la materia y sus intereses se dirigen más hacia el mundo físico para ganar experiencia, sacrificando al espiritual.

Marte es el planeta de la guerra y esto nos muestra que el individuo utiliza todas las energías procedentes del Universo (símbolo del morueco) para conquistar el mundo material y dominarlo (símbolo de Marte).

Pero ya sabemos que ningún signo es solamente ese signo sin más, sino que otros elementos confluyen en su horóscopo de nacimiento. Por lo que, aunque Aries en su esencia original represente todo lo que acabamos de enunciar, también tiene otros intereses representados por la interrelación de los distintos planetas y ascendente de su horóscopo de nacimiento.

PERSONALIDAD

Aries es el primero de los signos de Fuego y, como tal, la fuente primordial del designio divino. En Aries tienen lugar todos los comienzos. Por tanto, será el iniciador de cualquier disciplina, el líder nato, el que está en el comienzo de cualquier empresa, grupo social, etc.

Tiene una enorme fuerza de voluntad y no se detiene ante nada. Es el que va a la cabeza de cualquier grupo, el abanderado al cual todo el mundo sigue de forma natural, pues tiene un proyecto espiritual que plantar en el mundo y, por eso, su tendencia natural es abrir puertas, iniciar caminos...

La película *Forest Gum* lo ilustra muy bien cuando el personaje principal se pone a correr por el mundo y provoca que un montón de gente siga tras él, a veces sin saber muy bien por qué, aunque intuyen que, cuando él lo hace, debe ser por algo importante. Y, en efecto, así es, aunque a veces ni ellos mismos lo sepan, pues, como se puede apreciar en la película, todos sus seguidores, durante el viaje tras él, descubren cosas de sí mismos, de su propia vida, aunque Forest Gum ni siquiera les ha dicho nada.

Aries está conectado a la divinidad de una forma directa y recibe intuiciones. Se dirige hacia un lugar concreto, aunque puede que él mismo no llegue a verlo nunca, pues no es su cometido terminar las cosas, sino solamente ser el iniciador. Ya vendrán otros que llevarán la obra que él comenzó a su feliz término.

Al tener como regente a Marte, Aries rebosa energía y vitalidad. Tiene mucha confianza en él mismo y ama la aventura y el riesgo.

Ya desde muy pequeños, los nativos de este signo destacan por su capacidad para el liderazgo y su energía vital. Son entusiastas, alegres y siempre están haciendo cosas, tantas, que a veces agotan a los que están a su alrededor, pues ven imposible poder seguirles el ritmo.

La razón principal por la que se comportan de este modo es porque son los niños de la Creación, es decir, todo nativo de Aries trae un nuevo proyecto cósmico al mundo en forma de semilla. Digamos que los Aries plantan la semilla de un proyecto que verá su culminación al llegar a Virgo, pasando, como dijimos en la Introducción, por los signos de Fuego, Agua, Aire y Tierra. Si Aries siguiera el proceso sin interrupción y caminase sin alteración cumpliendo con sus compromisos y realizando la tarea de su Yo Espiritual, llegaría a Virgo y vería cumplida su misión. Pero todos sabemos que ningún ser humano actúa de este modo, sino que, la mayoría de las veces rehuimos los compromisos y nos dedicamos a hacer aquello que no debemos, retrasando así nuestra evolución y teniendo que repetir curso para aprender o realizar lo que no quisimos anteriormente. Esta es la tónica normal. Por eso, hemos de nacer más de una vez bajo el mismo signo astrológico para poder aprender todo lo que ese signo nos quiere transmitir.

CUALIDADES A DESARROLLAR

Ambición.
Coraje.
Confianza en sí mismo.
Voluntad.
Energía en los comienzos.
Entusiasta.
Valiente.
Independiente.
Dinámico.

DEFECTOS A SUPERAR

Impulsividad.
Impaciencia.
Egoísmo.
Agresividad.
Mal carácter.
Imprudencia.
Dominante.
Arrogancia.
Brusquedad.
Intolerancia.

AMOR Y COMPATIBILIDAD

Les gusta tomar la iniciativa, tanto a los hombres como a las mujeres. Son muy apasionados y, como consecuencia, algunas aventuras amorosas no pasan de la emoción de los primeros días. Sin embargo, cuando Aries se enamora de verdad, la relación suele ser para siempre.

La pasión de Marte, su planeta regente, le lleva, a veces alocadamente, hacia la persona amada hasta que esta cede y se deja caer en sus brazos. Es un conquistador nato que no se detiene ante ningún obstáculo con tal de conseguir lo que desea. Cuando encuentra resistencia se siente infeliz y, a veces, puede tornarse brusco y poco delicado con la persona amada, cosa que la alejará más todavía de su lado. Hecho que no podrá entender, ya que se siente tan seguro de sí mismo, que no comprende que alguien pueda rechazarle.

La llama de amor de Aries puede ser muy fogosa, pero también puede apagarse con la misma celeridad con que se encendió y de ella quedar solo las cenizas. Le gusta vivir el momento presente, el aquí y ahora, sin pensar en las consecuencias de una relación estable o duradera. Debido a ello, los que se acercan a él o ella, muchas veces también buscan una relación pasajera.

Su repentino entusiasmo y fogosidad, puede llevarle, a veces, a dejar un amor para correr en pos de otro.

Los Aries (hombre y mujer) buscan una pareja fuerte y resistente, que sea activa y tome iniciativas. Se aburren soberanamente con aquellas personas pasivas que esperan que la pareja resuelva todos los problemas que se plantean en la relación. Aman el cambio, la acción y la aventura, en definitiva, el movimiento durante la vida en común. Muchas veces, puede vérseles practicando algún deporte con la persona amada.

Al tener un carácter completamente independiente, no les gusta que los controlen ni los ataques de celos. Cuando la persona amada le pide que rinda cuentas de sus actos y quiere acapararlo y tenerlo bajo su control, se horrorizan y llegan incluso a romper la relación si se persiste en esa actitud.

Al ser un signo de movimiento y acción, odian la rutina en el matrimonio y hacen lo posible porque la relación no se estanque. Así que, una relación con una persona Aries será todo lo que sea menos aburrida, pues se esforzarán por no hacer siempre lo mismo y que cada día sea diferente. Esta es una de las cosas a tener en cuenta por todas aquellas personas que quieran unirse con un Aries. Deben estar dispuestas a vivir la relación como una aventura en la que ocurren cosas distintas constantemente.

ARIES - ARIES

Puede haber una atracción fuerte al principio, pero si no persisten otros ideales y valores con los cuales se sientan ambos identificados, pronto se desvanecerá.

Los dos son muy fogosos y actúan un poco a lo loco, improvisando todo sobre la marcha sin pensar demasiado en las consecuencias, por lo que si otros aspectos de la carta no ponen un poco de freno, la relación carecerá de responsabilidad y pronto empezarán los problemas familiares: la economía del hogar se resentirá y no se llegará a fin de mes con holgura.

Como los dos son líderes natos, ambos querrán tomar la iniciativa y pelearán por conseguirla, lo que puede ser también causa de conflictos de pareja.

Para que una relación Aries-Aries sea duradera, ambos deben llegar a un acuerdo y ceder protagonismo en favor del otro. Cada persona trae unos talentos a desarrollar. Esta pareja debería descubrir cuál es el de cada uno y no inmiscuirse en el del otro.

ARIES - TAURO

En principio, Aries (signo de Fuego) con Tauro (signo de Tierra) no son compatibles. Pero si son personas evolucionadas y con altos ideales puede resultar una buena combinación, ya que a la impulsividad y falta de previsión de Aries se opone la ponderación y la moderación y previsión de Tauro.

Podríamos así decir que lo que a un signo le falta lo tiene el otro. Por ejemplo: a la lentitud de Tauro, puede servirle de aguijón el exceso de movimiento y actividad de Aries.

También pueden llevarse muy bien y complementarse en ciertas tareas, ya que Tauro es un artista nato y Aries es pionero, innovador, por lo que entre los dos podrían realizar obras de arte innovadoras.

Pero si Aries no acepta la tranquilidad y moderación de Tauro y a Tauro le pone nervioso el exceso de actividad de Aries, entonces la relación terminará en fracaso.

Para llevarse bien, ambos deben entenderse perfectamente: Aries debe aprender de la paciencia, tranquilidad y previsión de Tauro, y Tauro del dinamismo y afán de aventura de Aries.

ARIES - GÉMINIS

En principio, es una buena combinación, el Fuego y el Aire se complementan armoniosamente. Aries hallará en Géminis al compañero/a ideal con el que nunca se aburrirá, pues nunca le faltará tema de conversación; y Géminis encontrará en Aries un aliciente mental. Ninguno de los dos signos es aburrido, por lo que siempre encontrarán algo con lo que pasar el rato y divertirse.

Al no tratarse de signos fijos, ninguno de los dos busca una relación estable y duradera, ya que ambos están más bien identificados con el cambio y las múltiples experiencias. Pero si se complementan hasta el extremo de trabajar en causas comunes, la relación puede ser muy fructífera y duradera, ya que Aries tendrá en Géminis la fuerza intelectual que le falta para desarrollar sus actividades físicas; y Géminis podrá obtener de Aries la fuerza y el valor para desarrollar sus actividades intelectuales.

ARIES - CÁNCER

No suele ser una buena combinación, ya que el carácter pasivo, hipersensible, impresionable y hogareño de Cáncer choca con la impulsividad y la forma de ser activa e independiente de Aries.

Aries vive al día y no se compromete con nada, le gusta vivir independiente de los demás. Cáncer es más tradicional y apegado a las costumbres, al hogar, a la familia.

A Cáncer se le hiere fácilmente, y Aries es poco cuidadoso con las palabras y los hechos, por lo que podría hacerle daño de forma inconsciente.

En definitiva, es una relación difícil y, si otros temas armónicos de su horóscopo no confluyen, como un ascendente compatible con el de la pareja, etc., la relación será poco llevadera.

En esta relación la armonía y duración de la pareja solo sería posible si los dos se comprometen con algún ideal espiritual o intelectual, tomando conciencia de lo que necesita cada uno y poniendo el amor por encima de otros intereses. En este sentido, deberían hacer un esfuerzo de comprensión y entender el comportamiento de su pareja desde un punto de vista elevado, sin entrar a juzgar excesivamente su comportamiento y dándose cada uno el espacio que necesita.

ARIES - LEO

En principio, es una excelente combinación. Los dos son signos de Fuego. Aries admira a Leo y Leo admira a Aries. Los dos son apasionados, calurosos, ardientes, por lo que el grado de entrega del uno hacia el otro es satisfactorio y apasionante, los dos se fusionan de una manera perfecta.

Sin embargo, deben tener cuidado con la autoridad y no querer mandar el uno sobre el otro. O dicho de otra forma: no desplegar sobre el otro el carácter autoritario que tienen los dos, ya que ninguno de los dos lo aceptará de buen grado y pueden surgir conflictos. Lo importante es que cada uno entienda las necesidades del otro y se esfuercen en satisfacerlas de algún modo. Esto no será del todo difícil si hay suficiente amor entre los dos Así Leo debe respetar y apoyar las iniciativas de Aries; y Aries debe hacer que Leo se sienta importante en su ambiente social.

ARIES - VIRGO

El carácter de Virgo se complementa poco con el de Aries, ya que Aries es una persona de acción y le importan poco las menudencias, los detalles, las cosas pequeñas, que sí interesan a Virgo.

En la relación Virgo - Aries, puede haber algún que otro conflicto cuando el exceso de análisis, de planificación, de limpieza... de Virgo choque con el desorden y la falta de previsión de Aries. En lo económico, tampoco se pondrán de acuerdo, pues el uno (Virgo) es previsor y le gusta gastar solo lo necesario, mientras que el otro (Aries) no se maneja bien llevando la economía de la casa, pues gastará en lo que se le antoje sin pensar en las consecuencias de si se va a llegar a fin de mes o no.

Una relación armoniosa entre estos dos nativos puede darse cuando los dos tengan intereses intelectuales parecidos. Si Aries es del tipo evolucionado y cultiva la mente, hallará en Virgo al complemento ideal, ya que este le ayudará a desarrollar los proyectos de una forma más ordenada y perfeccionada de lo que lo haría por él mismo. Y Virgo puede encontrar en la pareja Aries a quien le impulsa y anima a poner sus ideas en práctica sin pensar tanto en las consecuencias ni en la idea negativa de querer perfeccionar al máximo toda obra antes de sacarla a la luz.

En el amor, pueden tener dificultades, pues sus objetivos son distintos. Aries es más permisivo y carente de complejos, mientras que Virgo es más conservador y suele pensarlo mucho antes de entregarse a la pareja.

Aries es más fogoso y Virgo más tímido y frío. Por lo cual, los dos deben hacer un esfuerzo por acercarse a la forma de ser de su pareja sin egoísmos, con todo el respeto y amor, y así podrán entenderse y complementarse mucho mejor.

ARIES - LIBRA

Aries es el primer signo de Fuego y Libra el primero de Aire. Son, por tanto, dos signos compatibles y que se complementan de manera perfecta.

Aries es el seductor nato; y Libra se siente halagado por las constantes solicitudes de Aries. Los dos son signos a los que le gusta empezar proyectos nuevos. Aries pone la primera semilla, la del entusiasmo, la fe, el trabajo duro, la confianza en el resultado final; y Libra le da el primer toque de belleza intelectual, el raciocinio, el equilibrio que necesita la obra.

En el amor, la atracción es mutua ya que, al ser polos opuestos en el Zodiaco, el uno le aporta al otro lo que le falta. Si por cualquier circunstancia llegan a discutir, la armonía casi siempre vendrá por el lado de Libra, ya que es un signo de paz y preferirá dar la razón a su pareja a entrar en conflicto con ella. Pero debe tener cuidado en cómo lo hace, ya que Aries puede darse cuenta y entonces se irritará más al creer que su pareja siempre le da la razón como a los locos.

ARIES - ESCORPIO

A los dos signos los rige Marte, el planeta de la acción y de la guerra. Agua y Fuego no son compatibles, así que los dos querrán dominar en la pareja. Uno (Aries) es extrovertido, apasionado, impulsivo. El otro (Escorpio) es también apasionado pero más introvertido. A Aries se le ve venir, es como un libro abierto en la pareja y en las relaciones amorosas. Escorpio tiene más secretos íntimos y es menos previsible

En el amor, Aries se muestra independiente, no le gustan los amarres, ni las constantes muestras de cariño, ni la exclusividad, ni los ataques de celos de su pareja. Escorpio, en cambio, suele ser envolvente, posesivo, celoso y exclusivista. Esto haría imposible una relación duradera, a menos que confluyan otros elementos en su horóscopo que la haga más llevadera.

Para llevarse bien, deben sacrificar cada uno parte del exceso de comportamiento negativo relativo a sus respectivos signos. Por ejemplo: Aries debe dejar un poco de lado su excesivo independentismo y Escorpio su excesiva posesividad.

ARIES - SAGITARIO

Fuego y Fuego son dos elementos compatibles. Por tanto, puede ser una excelente combinación. Los dos aman la acción, la aventura y el gusto por viajar.

Sagitario es optimista, alegre y confiado, le gustan los viajes y los deportes, cualidades que se complementan perfectamente con la forma de ser de Aries: activo, impulsivo, atlético y lleno de energía. De esta forma, tienen muchas cosas en común y a los dos les encanta disfrutar de la vida.

En el amor los dos son bastante independientes, fogosos y apasionados, por lo que se entienden y se complementan perfectamente.

Para que esta relación perdure, sin embargo, deben otorgarse, el uno al otro, plena libertad de acción sin coacciones ni imposiciones que los oprima, pues ninguno de los dos podría soportar semejante comportamiento por parte del otro.

ARIES - CAPRICORNIO

En principio, la influencia de Fuego y Tierra no son compatibles, por lo que puede ser causa de algunas dificultades a la hora de adaptarse el uno al otro.

La impulsividad, impaciencia y entusiasmo del signo de Aries, pueden verse de golpe frenados y contrariados por la prudencia, paciencia, y forma de ser calculadora y reservada de Capricornio.

Si a uno (Aries) le gusta hacer las cosas rápidas, al otro (Capricornio) le gusta ir más lentamente y calculando los riesgos. Por este motivo, nunca se pondrán de acuerdo a la hora de llevar a la práctica sus proyectos.

En el amor, el Aries tendrá que luchar contra el exceso de convencionalismo y respeto por las leyes sociales de Capricornio; y Capricornio no soportará la impulsividad y alocada forma de ver las cosas de Aries.

Para una relación estable, Aries debe ser capaz de apreciar y respetar las virtudes de Capricornio y tenerle como alguien con quien se puede contar en todo momento; y Capricornio debe descubrir y apreciar la forma de ser optimista y estimulante de Aries para hacerle la vida más alegre y divertida.

ARIES - ACUARIO

Una combinación muy buena, siempre y cuando los dos signos respetan su recíproca necesidad de independencia.

El amor, normalmente, en esta relación no suele ser muy apasionado, sino que se basa en la amistad, la franqueza y el respeto mutuo. Acuario no es muy amigo de las relaciones vulgares basadas únicamente en la atracción sexual (cosa que a Aries no suele importarle), sino que va más allá, busca una relación de amistad y confidencia.

Aries no se aburrirá con una pareja Acuario, pues esta le proporcionara toda clase de estímulos intelectuales por su originalidad y su capacidad para provocar situaciones fuera de lo normal. Sin embargo, debe tener cuidado con los celos, pues Acuario cultiva profundamente el sentido de la amistad, y esto, a veces, a Aries puede hacerle enfadar y sentirse desplazado. Por consiguiente, creerá ver infidelidad allí donde todo lo que hay es una buena amistad.

ARIES - PISCIS

Es esta una relación extraña, ya que, en principio, no suele ser compatible, pues tienen muy distintas formas de ser. Piscis es romántico, hipersensible, emocional, amoroso, impresionable, apegado, abnegado; mientras que Aries es enérgico, ambicioso, independiente, dinámico... Pero curiosamente, el espíritu abnegado y sumiso de Piscis se sentirá a gusto al lado de la forma de ser protectora y dominante de Aries.

Esta relación no es armoniosa, pero el sufrido Piscis será capaz de soportar todos los desmanes del dominante Aries y de renunciar a sus propias necesidades con tal de satisfacer a su pareja. Y Aries, como es natural, se sentirá a gusto ante tales muestras de amor.

Las relaciones afectivas entre los dos signos pueden llegar a ser muy románticas, pues el enamoradizo Piscis volcará toda su dulzura en el envolvente, acariciador y activo Aries.

A veces, el sentido práctico de Aries chocará con el misticismo y la espiritualidad de Piscis. Pero esto no ha de suponer una traba si se respetan mutuamente sus valores y creencias.

SALUD

Aries rige la cabeza: los hemisferios cerebrales (todos los órganos dentro de la cabeza) y los ojos. No así la nariz que queda bajo la regencia del signo de Escorpio. Así pues, las debilidades y malos aspectos de los planetas sobre este signo pueden llegar a producir las distintas dolencias que afectan a esta parte del cuerpo, como son:

Jaquecas.
Dolores de cabeza.
Insomnios.
Calvicies.
Afecciones cerebrales.
Dolor de muelas.
Afecciones visuales.
Encefalitis.
Fiebres.
Comas.
Golpes y heridas en la cabeza.
Etc.

Por lo tanto, deberá tener especial cuidado con esta parte de su cuerpo y no someterla a excesos innecesarios como demasiada tensión o un exceso de trabajo.

En cuanto a los posibles accidentes sobre la cabeza, podría evitarlos si se conduce en lo posible de manera sosegada y evita la ira, la impulsividad, la impaciencia, la agresividad y la brusquedad en su interacción con su medioambiente.

TRABAJO

Aries se encontrará a gusto en todas aquellas profesiones independientes y que se necesite desplegar una gran fuerza de voluntad, ánimo, coraje, valentía, iniciativa y confianza en sí mismo; en todos aquellos trabajos que tienen como base los comienzos, los riesgos y las aventuras, y los relacionados con el hierro y el metal.

Por tanto, le irán bien las profesiones de deportista, militar, cirujano, explorador, montañero, trabajador del metal, bombero, médico, guía, director de empresa, jefe, policía...

Disfrutará especialmente con su trabajo cuando este tenga relación con los comienzos, como por ejemplo: abrir empresas nuevas, poner en práctica nuevos proyectos, evaluar y debatir iniciativas e ideas originales, etc.

PERSONAS CÉLEBRES
NACIDAS EN ARIES

- Leonardo Da Vinci, 15-04-1452: pintor
- Johann Sebastian Bach, 21-03-1685: músico
- Hans C. Andersen, 02-04-1805: escritor
- Vincent van Gogh, 30-03-1853: pintor
- Charlie Chaplin, 16-04-1889: actor y director
- Adolf Hitler, 20-04-1889: militar y político
- Bette Davis, 05-04-1908: actriz
- Werner von Braun, 23-03-1912: físico
- Marlon Brando, 03-04-1924: actor
- Cayetana de Alba, 28-03-1926: duquesa de Alba
- Mario Vargas Llosa, 28-03-1936: escritor
- Diana Ross, 26-03-1944: cantante
- Eric Clapton, 30-03-1945: cantante
- Elton John, 25-03-1947: cantante
- Miguel Bosé, 06-04-1956: cantante
- Severiano Ballesteros 9-04-1957: jugador de golf
- Perico Delgado, 15-04-1960: tenista
- Eddie Murphy, 03-04-1961: actor
- Mariah Carey, 27-03-1970: cantante
- Alejandro Amenábar, 31-03-1972: director de cine
- Carmen Electra, 20-04-1972: actriz y modelo
- Adrien Brody, 14-04-1973: actor
- Lady GaGa, 28-03-1986: cantautora

Tauro

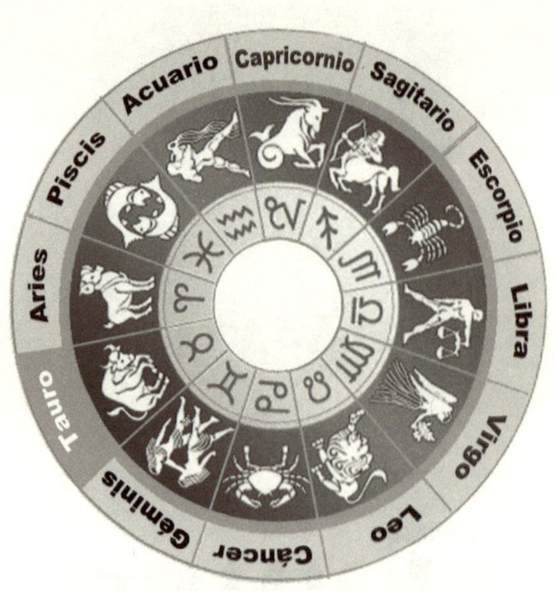

Acuario
Capricornio
Sagitario
Piscis
Escorpio
Aries
Libra
Tauro
Virgo
Géminis
Leo
Cáncer

♉

TAURO

21 de abril al 20 de mayo

Belleza y esplendor material

Elemento: Tierra

Símbolo: ♉

Color: Verde oscuro, amarillo ocre

Planeta regente: Venus

Gemas: Ágata musgosa, cuarzo rosa

Metal: Bronce, cobre

Día de la semana: Viernes

Números de la suerte: 2 y 6

SÍMBOLOS DE TAURO Y VENUS

♉ ♀

Está representado por el toro, cuyo signo es un círculo y un semicírculo encima ♉. También la cabeza y los cuernos del toro. El alma o imagen del semicírculo impera sobre el espíritu o imagen del círculo. En esta etapa del desarrollo humano el espíritu está materializado a favor del desarrollo del alma y corre el riesgo de perder el contacto con su origen divino.

En efecto, Tauro es el signo donde crecen los frutos materiales. En la etapa Tauro el individuo contempla todo el esplendor material que ha ido plantando en encarnaciones anteriores. Si lo ha hecho más o menos bien, se encontrará un mundo lleno de belleza. Es por eso por lo que, al disfrutar de todos los bienes materiales y ver el esplendor material, pueda creer que esto es lo único que existe y se aparte de su origen divino.

En Venus tenemos lo contrario que en el símbolo de Marte: el círculo sobre la cruz: ♀; o sea, el espíritu (el círculo) sobre la materia (la cruz). Lo que nos indica la superioridad de lo espiritual sobre lo material. Por eso Venus es el planeta del amor, de la paz, de la armonía, de la belleza, del arte.

El símbolo del planeta contrarresta al de Tauro, que es precisamente lo contrario. De ahí que Tauro viva un equilibrio interno entre lo material y lo espiritual.

PERSONALIDAD

Tauro es el segundo signo de Tierra, que representa el tiempo de arraigo de la semilla plantada en la etapa de Capricornio.

El Tauro suele ser leal, estable, conservador y práctico. También es paciente, y cariñoso. Pero también puede estallar de forma violenta cuando se abusa de su paciencia y ve su vaso colmado. Es afectivo con las personas, las cosas y los sitios. Le gusta el hogar. No le gustan los cambios. Es una persona entregada en la que se puede confiar.

Tauro está regido por Venus, el planeta del amor. Por tanto, el nativo de este signo tiene una predisposición bondadosa y amistosa. Le gusta que todos los aspectos de la vida fluyan a un ritmo tranquilo y constante, en armonía, sin grandes sobresaltos o altibajos. Aprecia la belleza en todos los aspectos de la Creación y puede pasarse mucho tiempo contemplándola.

Cuando está convencido de una idea se aferra a ella con tenacidad y se resiente mucho al verse contrariado. Es muy difícil convencerle de que está equivocado. Pero una vez que se le ha podido hacer ver su error (lo que aceptará siempre y cuando se haga de una forma tranquila y pacífica) reconocerá fácilmente que estaba equivocado y no tardará en hacer las oportunas rectificaciones.

Tiene una voluntad muy fuerte y gran determinación. Cuando está decidido a hacer algo, se mueve en esa dirección y pondrá toda su energía y persistencia en conseguirlo.

Suele tomarse la vida de forma tranquila y disfruta todo lo que puede de ella.

Por lo general, suele ser afortunado en la adquisición de bienes materiales y posiciones sociales. Además, le cuesta bien poco ganarse la vida y, a menudo, recibe legados o herencias. Pero para él las riquezas no son importantes, ni las desea por el mero hecho de tenerlas, sino por el placer y el confort que las mismas pueden proporcionarle, ya que disfrutar de los bienes a su alcance es uno de los objetivos de Tauro.

Suele ser buen cocinero/a y le gusta mezclar cosas, es decir, inventar platos originales para disfrutar de la buena mesa.

Tiene un alto sentido de la justicia, y, por ese motivo, se exigirá a sí mismo lo que exige a los demás.

Concede gran prioridad a las cuestiones económicas y es consciente de la importancia del dinero en todos los asuntos de la vida. Sabe que mantener una economía saludable proporciona seguridad. Nunca se excede en los gastos, ni se da al despilfarro, sino que lleva la cuenta de todo con sumo detalle, ahorrando donde se puede y gastando solo lo necesario, pero sin tacañería.

Muchos nativos de este signo se sienten atraídos por la Naturaleza y, los que pueden se compran una casa en el campo con un amplio jardín del que suelen disfrutar. Para ellos es primordial la armonía y la belleza, por lo que adornar su casa para sentirse bien es tan esencial como el aire que respiran.

CUALIDADES A DESARROLLAR

45

Perseverancia.
Paciencia.
Prudencia.
Tranquilidad.
Estabilidad.
Práctica.
Arte y belleza.
Lealtad.
Conservador.
Confianza.

DEFECTOS A SUPERAR

Obstinación.
Pereza.
Negligencia.
Materialismo.
Terquedad.
Brusquedad.
Celos.
Desenfreno.
Lentitud.
Avaricia.

AMOR Y COMPATIBILIDAD

El nativo de Tauro, al contrario que Aries, que actúa un poco más a lo loco, atribuye a la vida afectiva mucha importancia. Se toma el amor muy en serio y no se entrega a la primera de cambio. Sin embargo, cuando lo hace se da completamente a la pareja elegida.

Lejos de los flechazos y la pasión amorosa de los signos de Fuego, Tauro es un amor que avanza lentamente, pero seguro. No busca una aventura amorosa, sino que sus pretensiones son una pareja duradera, que esté dispuesta a entregarse a él en cuerpo y alma.

Su amor es estable, sensual, fiel y de una gran intensidad. No se enamora a diario, pero una vez que lo hace es fiel hasta la muerte.

Se siente atraído por el sexo opuesto, pero no es de los que persiguen a la persona amada, sino que espera pacientemente que esta venga hacia él, lo que la mayoría de las veces termina haciendo, bien yendo a una fiesta, o a alguna comida que Tauro preparará en su casa.

La relación de pareja es tranquila, relajada y alegre. Le gusta disfrutar del hogar y de la buena mesa, y sobre todo que le acompañe la persona con la que ha decidido compartir su vida.

Se inclinará principalmente por los signos de Agua y Tierra, con los que tendrá más afinidad, dada su naturaleza compatible.

Con los signos de Tierra, compartirá el sentido práctico y la estabilidad. Al tener los mismos gustos y aficiones, puede llevarse bastante bien, sobre todo con Capricornio y Virgo. Con los de Agua, su sensualidad y sentimientos. Se llevará principalmente bien con Cáncer, de quien le atraerá su dulzura y tranquilidad. Además, compartirá con él sus inquietudes y capacidades artísticas, ya que ambos son creativos.

Los signos de Fuego y Aire no serán muy atractivos para Tauro. Los primeros son muy fogosos y pasionales, y actúan de una forma tan rápida que le aturdirán bastante. Los segundos son demasiado racionales y nerviosos, y llevarán un ritmo demasiado loco para un signo tan tranquilo y profundo como es Tauro.

TAURO - TAURO

La naturaleza idéntica de estos dos puede ser compatible, pues los dos tendrán los mismos gustos y aficiones. Tendrán en común su sentido práctico, su carácter apacible y tranquilo, su voluntad firme, su fidelidad, etc.

La relación, en este sentido, puede llegar a ser armónica, feliz y duradera. Pero deben tener especialmente cuidado para que la monotonía no se instale en sus vidas y tengan la sensación del hastío y aburrimiento. En este sentido, les conviene relacionarse con otras personas cuyos gustos y aficiones sean algo diferentes

Además, deberán cuidar especialmente para no dejarse llevar por las cualidades negativas del signo, como los ataques de celos, la obstinación y la terquedad, ya que podrían hacer bastante daño a la pareja

TAURO - GÉMINIS

No son compatibles. Además, tenemos aquí a los dos signos más diferentes del Zodiaco. Por un lado, Géminis es el más inestable y voluble; y por el otro, Tauro es el más firme y estable.

Con estas diferencias podemos decir que será muy difícil conciliarlos.

Puede que Tauro se deje encandilar por la elocuencia de Géminis y crea que, en verdad, ha encontrado a la parte que le falta o alma gemela, pero pronto se dará cuenta de que no es así, pues en cuanto intente una relación seria basada en la estabilidad y quiera acapararlo, Géminis se esfumará como la espuma.

Intelectualmente, Tauro se interesará por pocos temas y profundizará en ellos hasta llegar a dominarlos, mientras que Géminis se interesará por todo pero de una manera más superficial.

TAURO - CÁNCER

Son dos signos que armonizan bien, dado la naturaleza del Agua y la Tierra, tanto en el amor como en la vida en pareja.

Será esta una relación intensa debido a la sensibilidad y sensualidad de ambos signos.

Cáncer apreciará la forma de ser apasionada y afectuosa de Tauro; y a Tauro le encantará la naturaleza emotiva y sociable de Cáncer.

El deseo de Tauro de tener hijos será acogido de forma excelente por Cáncer, que verá la ocasión de fundar la familia que anhela.

En definitiva, una relación armoniosa que puede durar mucho, a no ser que otros elementos del horóscopo lo desmientan.

Para que la relación no tenga ningún problema, no obstante, Tauro debe tener cuidado con el carácter brusco y bronco que le sale a veces; y Cáncer debe cuidar los celos y la intolerancia.

TAURO - LEO

Son dos signos de naturaleza incompatible, pues en la rueda zodiacal forman una cuadratura propia de los signos de Fuego y Tierra. Sin embargo, tienen en común que son dos signos fijos.

En un principio pueden interesarse el uno por el otro. A Tauro le atraerá Leo por su ambición, generosidad y altura de miras; y Leo cederá con suma facilidad a los encantos de Tauro, sobre todo si este último sabe halagarle el orgullo y amor propio. Así pueden llegar a vivir momentos sublimes durante cierto tiempo.

Pero puede suceder que surjan las incompatibilidades durante la vida en común, ya que Leo no logrará imponer tan fácil sus opiniones ante el obstinado Tauro; y Tauro no soportará el carácter a menudo infantil y comediante de Leo.

Sin embargo, si logran respetarse y basar la existencia en objetivos espirituales, pueden llegar a entenderse muy bien. Pues Tauro actúa a menudo financiando las grandes y elevadas empresas de Leo, y Leo necesita que alguien maneje el tema de las finanzas, ya que no suele administrar muy bien los dineros, cosa que a Tauro se le da de maravilla.

TAURO - VIRGO

La relación entre estos dos signos es bastante prometedora y puede llegar a ser armoniosa y feliz.

Los dos tienen un alto sentido práctico y sabrán ponerse de acuerdo en todos los asuntos en los que se vean enfrentados en la convivencia.

Son responsables, serios, fieles y profundos en sus sentimientos.

Ninguno de los dos se conforma con un amor pasajero, sino que buscan una relación estable con la que compartir algo más que una relación sentimental.

En materia económica serán pocas las divergencias, confiarán el uno en el otro, ya que ambos poseen un alto sentido de responsabilidad y ninguno de los dos tiende al despilfarro, sino a llevar una economía saneada y controlada.

Mentalmente tendrán algunas diferencias, pues Tauro será algo menos flexible y más testarudo que Virgo, y este, a su vez, quizá pueda resultar demasiado analítico, lo que puede provocar algunas discusiones que deberían evitar.

Para que la relación funcione a la perfección, Tauro debe mostrarse menos testarudo y Virgo menos frío, sobre todo en las relaciones sentimentales.

TAURO - LIBRA

Comparten el mismo regente, el planeta Venus, lo que les da una sensibilidad especial a la hora de observar el mundo. En efecto, los dos pueden ser buenos aliados y entenderse bastante bien, a pesar de ser elementos incompatibles (Aire y Tierra).

Ambos poseen un sentido de la belleza, el arte y la armonía, así como una sensualidad especial, factores que hacen que la relación pueda ser compatible y placentera.

Sin embargo, la incompatibilidad Tierra-Aire de la que hemos hablado anteriormente y el hecho de que un signo (Tauro) es fijo y el otro (Libra) cardinal puede hacerse sentir en la relación.

En efecto, Tauro es un signo fiel, cuyos sentimientos son más estables y menos cambiantes que los de Libra, lo que puede provocar más de un ataque de celos cuando Libra, que es un signo más sociable, se acerque a otras personas del sexo opuesto, cosa que hará a menudo, ya que tiende a ser más ligero y superficial en este sentido, y no le da tanta importancia al hecho de flirtear un poco.

Puede haber una relación estable y duradera si se respetan y se aman, pues así llegarán a comprender: Tauro, que no es tan importante el flirteo si la cosa no va más allá y deja un poco los celos; y Libra, que debe respetar a su pareja y coquetear menos o no coquetear con otras personas si sabe que molesta a Tauro.

TAURO - ESCORPIO

El signo fijo de Agua (Escorpio) combina muy bien con el signo fijo de Tierra (Tauro).

Los dos buscan una relación de sensaciones intensas, que, a veces, pueden encontrar a través del sexo. Marte, regente de Escorpio, y referente sexual masculino, se une a Venus, regente de Tauro, y referente sexual femenino. Por tanto, con buenos aspectos en las cartas astrales de la pareja entre estos dos planetas, puede resultar la pareja ideal.

Al pertenecer ambos nativos a signos fijos, de estabilidad, la unión hará una relación duradera, ya que los dos son fieles y leales.

Los puntos conflictivos pueden llegar a manifestarse precisamente por la inflexibilidad característica de los signos fijos, porque los dos pueden llegar a mostrarse altamente obstinados, posesivos y celosos.

El Tauro se aferra siempre a sus decisiones y no suele escuchar ninguna otra razón. Por su parte, Escorpio puede convertirse en un dictador extremadamente exigente, que no deje al otro ni un espacio para su privacidad e independencia.

En este sentido, deberían hacer grandes esfuerzos por mostrarse un poco más flexibles, si no quieren tener conflictos de este tipo.

TAURO - SAGITARIO

Son dos signos en principio incompatibles. Tauro es fijo, de Tierra (estable y práctico), y Sagitario es mudable de Fuego (expansivo y cambiante)

Tauro ama la estabilidad y es rutinario. No le gustan los cambios y es sedentario: Sagitario es más bien todo lo contrario: dinámico, ama los cambios o, incluso, los necesita, pues le ayudan a quitarse las tensiones y el estrés. El movimiento para él es necesario.

Lo que para Sagitario es una diversión, para Tauro puede convertirse en algo sufrible y tedioso.

En el amor, Sagitario es más fogoso y apasionado, lo que chocará con las necesidades de Tauro, que es más romántico y tranquilo. También Tauro puede resultar más celoso, cosa que irritará sobremanera a Sagitario.

Pueden, sin embargo, llevarse bien y llegar a una cierta armonía siempre que Tauro modere sus celos y permita cierta libertad a su pareja sin cortapisas ni trabas; y Sagitario, por su parte, debe entender la necesidad de Tauro por permanecer tranquilo y sin muchas convulsiones dinámicas.

TAURO - CAPRICORNIO

Es una relación compatible, ya que los dos son signos de Tierra y persiguen objetivos comunes. La fortaleza y seguridad de Tauro puede atraer a Capricornio, Y la seriedad, la fidelidad y la estabilidad de Capricornio atraerán a Tauro. Entre ellos puede entablarse una relación profunda, tranquila y estable si cada cual se entrega al otro sacando lo mejor de sí mismo.

Hay algunos puntos, sin embargo, en el que podría no haber tanta armonía. Se trata del tema sentimental. Tauro tiene a Venus, el planeta del amor y la sensualidad como planeta regente; Capricornio tiene al serio y restrictivo Saturno. Por tanto, puede haber tiranteces si Tauro se interesa demasiado por los placeres sexuales, pues Capricornio no le seguirá el ritmo, ya que para él estarán en un segundo plano.

Esta actitud de Capricornio puede actuar como una auténtica ducha fría para Tauro, así como el exceso de sensualidad de Tauro puede llegar a irritar a Capricornio.

Si quieren evitar esto, deben ceder ambos. Tauro debe mostrarse menos sensual, y Capricornio menos restrictivo.

TAURO - ACUARIO

Tierra y Aire son dos elementos que no combinan bien, lo que se traduce a niveles prácticos por la orientación hacia objetivos materiales (Tauro), o intelectuales (Acuario).

Las diferencias pueden hacerse patentes en la relación. Tauro es un signo fijo, tradicional, que admite pocos cambios. Acuario está lleno de nuevas ideas que van más allá del tiempo presente.

En las relaciones afectivas, Tauro buscará un comportamiento por parte de su pareja, más emotiva y sensual, mientras que Acuario se orientará más hacia lo cerebral y universal.

Tauro, signo conservador, fiel y amante de la vida en el hogar, no entenderá bien a Acuario, que se mostrará independiente, indisciplinado y amante de las relaciones sociales.

TAURO - PISCIS

Puede haber una buena y agradable relación, sobre todo en el plano sentimental. A Tauro lo rige Venus, el planeta del amor; y Piscis es un signo que expresa el amor. Por tanto, Tauro encontrará en esta relación al compañero o compañera ideal: sensible, amoroso, abnegado. Y Piscis encontrará en Tauro, además de una correspondencia amorosa, la seguridad y protección que tanto anhela.

Pero la relación puede tener algunos inconvenientes. Tauro es un signo práctico, realista. Por este motivo puede sentirse irritado muchas veces ante la hipersensibilidad de Piscis, al que creerá esclavo de sus emociones. Tampoco le gustará la forma de actuar de Piscis, indeciso y que a veces parece vivir en lo irreal.

Y Piscis rechazará de Tauro, su forma rígida y poco flexible de abordar cualquier situación.

Entre los dos puede haber una relación duradera si la basan en el amor, respeto y entendimiento mutuo y destacan sus aspectos positivos.

SALUD

Tauro rige el cuello, la garganta, las amígdalas, la laringe, el paladar, la región occipital de la cabeza, las orejas, la glándula tiroides, la lengua, la vena yugular, la faringe, el cerebelo, el bulbo raquídeo y las cuerdas vocales. Así pues, las debilidades y malos aspectos de los planetas sobre este signo pueden llegar a producir las distintas dolencias que afectan a estas partes del cuerpo, como son:

Anginas, amigdalitis, laringitis, ronquera, paperas, bocio, dolor de garganta, apoplejía, pólipos, difteria, desarreglos endocrinos, etc.

Por lo tanto, deberá tener especial cuidado con esta parte de su cuerpo y no someterla a excesos innecesarios como demasiada tensión o un exceso de trabajo.

Cuando se producen malos aspectos sobre Tauro da lugar a todos los problemas relacionados con una mala administración de la energía de Tauro y Venus, planeta que rige el signo. Si quiere evitarlos, debe tener especial cuidado y tomar conciencia de cómo está trabajando dicha energía. Por ejemplo, su mala administración se traduce por comportarse con los demás con los peores defectos del signo: Negligencia, terquedad, brusquedad, avaricia... Por ejemplo, el dolor de garganta suele tener una relación directa con todo lo que hacemos con nuestra voz, es decir, si estamos siendo bruscos con ellos hasta el punto de causarles dolor.

TRABAJO

Tauro se encuentra en una etapa en que debe disfrutar de lo que tiene a su alrededor. En este sentido, la profesión no ha de ser menos. Cualquier profesión que elija debe proporcionarle satisfacción, siempre respetando la Ley Cósmica, claro está.

La Belleza y el Arte son dos profesiones que le irán bastante bien. Así que todo lo relacionado con ellas le proporcionará bienestar.

También, por estar relacionado con la casa II en la rueda astrológica, que representa las finanzas, le irán bien todas aquellas profesiones relacionadas con el dinero: banqueros, joyeros, administradores, tesoreros, etc.

En algunas ocasiones, Tauro dispone de una excelente posición económica y no necesita trabajar para subsistir. En este caso será el que financia empresas y proyectos, y también puede ser el mecenas de aquellos que considera válidos.

PERSONAS CÉLEBRES NACIDAS EN TAURO

- Almudena Grandes, 07-05-1960: escritora
- Camilo José Cela, 11-05-1916: escritor
- Carmen Cervera, 20-04-1943: Ex Miss España, baronesa Tyssen
- Cher, 20-05-1946: cantante, actriz, compositora y diseñadora
- David Beckham, 02-05-1975: futbolista
- Dolores Abril, 09-05-1939: cantaora
- Gary Cooper, 07-05-1901: actor
- George Clooney, 06-05-1961: actor
- Glenn Ford, 01-05-1916: actor
- Gregorio Prieto, 02-05-1987: pintor
- Heinrich Danioth, 01-05-1896: pintor
- Henry Fonda, 16-05-1905: actor
- Isabel II, 21-04-1921: Reina de Inglaterra
- James L. Brooks, 09-05-1940: productor, guionista y director de cine
- Janet Jackson, 16-05-1966: cantante
- Juan Pablo II, 18-05-1920: Papa de la Iglesia Católica
- Laura Pausini, 16-05-1974: cantante
- Lluis Llach, 07-05-1948: cantautor
- Modesto Lafuente, 01-05-1806: escritor e historiador
- Penélope cruz, 28-04-1974: actriz

- Santiago Ramón y Cajal, histólogo y neurólogo, premio Nobel de Fisiología y Medicina en 1906
- Tony Leblanc, 07-05-1922: actor
- Vicente Martín Soler, 02-05-1754: compositor

Géminis

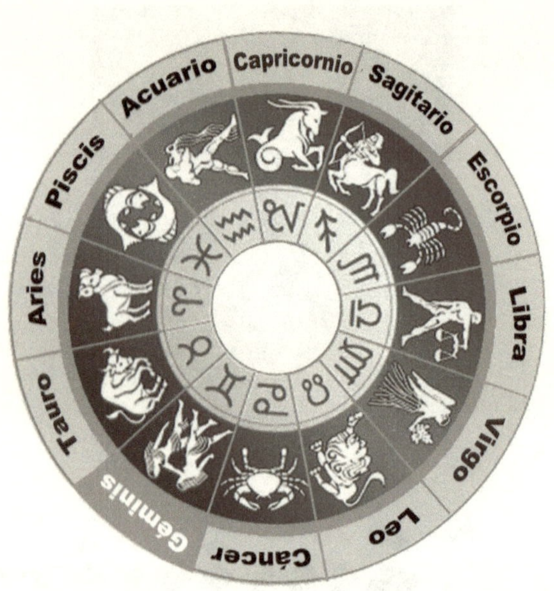

Piscis
Acuario
Capricornio
Sagitario
Escorpio
Libra
Virgo
Leo
Cáncer
Géminis
Tauro
Aries

♊

GÉMINIS

21 de mayo al 21 de junio

Dominio de las palabras y la comunicación

Elemento: Aire

Símbolo: ♊

Color: Gris

Planeta regente: Mercurio

Gemas: Cristal, aguamarina

Metal: Mercurio

Día de la semana: Miércoles

Números de la suerte: 3 y 5

SÍMBOLOS DE GÉMINIS Y MERCURIO

♊ ☿

En el dibujo se pueden apreciar dos líneas paralelas: ♊, que tienen un medio círculo en cada extremo. Simboliza la dualidad del alma (el medio círculo representa al alma), las dos naturalezas humanas. Ambas se apoyan y dirigen hacia lo material y hacia lo espiritual. Es la imagen de la dualidad con todo lo que ello conlleva: oposiciones contrarias o complementarias, bien y mal, frío y calor...

En Mercurio vemos el semicírculo sobre el círculo y la cruz ☿. El círculo en medio (el espíritu) puede dirigirse hacia la materia (la cruz) o hacia el desarrollo del alma (el semicírculo). Mercurio simboliza en un horóscopo la razón, la inteligencia, la comunicación, la exteriorización del pensamiento. Actúa como un foco para frenar la naturaleza inferior y elevarnos de nuestro estado humano al divino.

PERSONALIDAD

Géminis es el tercer signo de Aire, el que exterioriza las ideas y pensamientos. Se encarga de la exteriorización del contenido mental, es decir, pone las ideas al servicio de los demás.

Es muy comunicativo, maneja la palabra con especial soltura, y suele hacerlo tan bien, que más que convencer, encandila a su interlocutor. Aprovechará cualquier medio para hacerlo: por escrito, a través de conferencias, en conversaciones, en internet... Le gusta tanto hablar y comunicar que, a veces, hay que pararle y hacerle ver que no está dejando hablar a los demás.

Las nuevas tecnologías parecen estar hechas para él. El ordenador le proporcionará las herramientas para estar comunicado con todo el mundo, a través de internet y las redes sociales, cosa que le encanta.

Aprovechará los medios modernos, como el teléfono móvil para estar localizado y poder comunicarse con los demás en cada momento y mantener largas y amenas conversaciones desde cualquier parte en la que se encuentre.

Es alegre, elocuente e intelectualmente curioso.

Su búsqueda de conocimiento es muy amplia, ya que rara vez su curiosidad se siente satisfecha. Sin embargo, le falta la profundidad necesaria para llegar a dominar cualquier tema intelectual. Irá de una cosa a otra, de un conocimiento al siguiente sin terminar de aprovechar ninguno, aunque, a los ojos de los demás, parecerá que domina todos los temas. Pero lo cierto es que le irá muy bien el dicho de «aprendiz de todo, maestro de nada».

La compañía de un Géminis nunca será aburrida, ya que sacará un tema de conversación de cualquier cosa.

Como es más bien intelectual, huirá de los sentimentalismos, y a las personas emotivas les parecerá que se muestran fríos, porque se rigen más bien por la lógica y la razón.

Es un signo complejo representado por los gemelos, que simbolizan la dualidad, lo cual se refleja la mayoría de las veces en su carácter. En efecto, un Géminis puede mostrar dos naturalezas. Esto será percibido por los demás como si una vez fuese la persona más buena del mundo; y otra, la más mala. Será, simbólicamente hablando, el Dr. Jeckill y Mr. Hyde.

También se mostrará dual en otras facetas de la vida. Puede que esté haciendo dos cosas a un tiempo: leer dos libros a la vez, tener dos trabajos al mismo tiempo, etc. Incluso algunas veces, esta doble personalidad, le puede llevar a tener dos parejas al mismo tiempo, cosa que para otros signos sería una aberración.

Le gusta estar constantemente activo y variar de ambiente cada dos por tres. Por eso suele viajar bastante a lo largo de su vida y le encanta conocer sitios nuevos.

Tenga la edad que tenga, siempre muestra un carácter juvenil que le permite asomarse al mundo con otros ojos, y los demás perciben también esta aparente juventud y camaradería en él. Además, casi siempre suele aparentar menos edad de la que tiene.

Muchos Géminis consideran la vida como una aventura emocionante y reciben todo lo nuevo como algo fascinante que renueva la vida y la sociedad.

El paro y la ociosidad le desespera bastante y procura mantenerse siempre ocupado, ya que si no, se aburre como una ostra.

Se adapta fácilmente a cualquier situación o cambio y detesta el excesivo rigor de algunas personas.

Su principal misión consiste en hablar y escribir, comunicar a los demás todo lo que ha concebido, a través de cualquier medio.

CUALIDADES A DESARROLLAR

65

Sociabilidad.
Elocuencia.
Alegría.
Vivacidad.
Curiosidad.
Flexibilidad.
Independencia.
Dinamismo.
Facilidad de palabra.
Entusiasmo

DEFECTOS A SUPERAR

Inconstancia.
Verborrea.
Nerviosismo.
Tendencia a la mentira
Superficialidad.
Irritabilidad.
Intolerancia.
Envidia
Brusquedad.
Violencia.

AMOR Y COMPATIBILIDAD

Como es muy sociable, le encanta conocer gente. Sabe muy bien como desplegar sus encantos y siempre resulta agradable estar a su lado, porque es una persona inteligente, alegre y espontánea, con quien es casi imposible aburrirse.

Sin embargo, al ser de naturaleza dual, suele cambiar frecuentemente de humor. Se muestra unas veces encantador y otras detestable.

Enamorarse de un Géminis, puede resultar decepcionante, si la persona que lo hace es de un signo fijo, de Agua (Cáncer, Escorpio y Piscis), de Tierra (Capricornio, Tauro y Virgo), o con tendencia a la estabilidad. Géminis no se atará mucho tiempo a una persona y se mostrará inestable. Su conducta será del todo imprevisible y le costará bastante guardar fidelidad.

Congeniará bastante bien, y sí puede llegar a tener una relación duradera, con los demás signos de Aire (Libra y Acuario), con los que compartirá una cierta tendencia al desapego y una necesidad de estímulos mentales.

También será compatible con los demás signos de Fuego (Aries, Leo y Sagitario), pues les gusta el dinamismo, la rapidez y el optimismo que desprenden.

Debido a su curiosidad y su necesidad de experiencias en todos los ámbitos, hará que le resulte muy difícil llegar a cierta estabilidad, ya sea en su hogar, con sus amistades, o con el amor de pareja.

Necesita emprender muchas cosas a la vez y, debido a su naturaleza dual, puede llegar a mariposear en el amor y mantener dos o varias relaciones a un mismo tiempo, lo que para un signo fijo de Tierra o de Agua puede resultar fatal y le haría bastante daño.

Dará más importancia a una relación con quien pueda desarrollar algún tema de tipo intelectual que a quien solamente se muestra enamoradizo y sensual, y otorgará mayor valor a los sentimientos. No soportará a quien quiera tenerle única y exclusivamente para él.

Sus éxitos amorosos se deberán a su elocuencia y a su verborrea, que encandilará al sexó opuesto y le hará rendirse a sus pies. Resultará, en este sentido, como un mercader que, para colocar su mercancía, deslumbra a su auditorio, con una serie de discursos encantadores, aunque a veces se trate de mentiras y, al final, no quede nada.

Hay un tipo de Géminis evolucionado, sin embargo, que no será tan superficial, sino más auténtico y todo lo que diga y haga estará impregnado de esta autenticidad.

GÉMINIS-GÉMINIS

Es esta una mezcla de Aire y Aire de la misma naturaleza. Por tanto, en principio tienden a entenderse perfectamente. Los dos son flexibles y tienen afinidades intelectuales. Existirá similitud sobre los puntos de vista y la comprensión de los problemas que pudieran plantearse.

Como los dos son independientes, entenderán perfectamente las escapadas del hogar del uno y del otro y respetarán su espacio.

Serán como dos niños que comparten los mismos gustos y aficiones y están entusiasmados con la idea de probar nuevas aventuras.

A pesar de no ser sensuales, pueden entenderse en el amor perfectamente, pues los dos disfrutarán en la búsqueda de sensaciones nuevas con las que sorprender a su pareja. Pero se lo tomarán más bien como un juego de niños.

Como los dos son nerviosos, pueden surgir problemas a la hora de plantear algún tema en el que no estén de acuerdo. Sobre todo, cuando uno intente imponer su punto de vista sobre el otro. Pero esto, por lo general, no llegará a mayores, ya que si uno de los dos se muestra tozudo, el otro abandona y vuelve cuando se ha pasado la tormenta cambiando hábilmente de tema y dejando de lado el anterior como si no hubiera existido.

GÉMINIS - CÁNCER

No son signos entre los cuales pueda haber una buena relación ni entenderse bien, pues Cáncer puede ver con desagrado la personalidad un tanto inquieta y atrevida de Géminis, y a este no le gustará la sutilidad y fragilidad de Cáncer.

Son signos incompatibles, ya que Agua y Aire no son fáciles de unir.

Como hemos dicho anteriormente, el nativo de Cáncer está apegado a la familia y le atribuye una importancia capital. No así Géminis, que es todo lo contrario: es independiente y huye rápido del seno familiar. Cáncer es más casero y tradicional, mientras que Géminis huye de los convencionalismos y no se ata a nada.

Hay, no obstante todo lo anterior, puntos comunes en los que podrían intentar armonizar o llevarse bien. Cáncer deber abandonar un poco la seguridad de la vida familiar para viajar en ocasiones al lado de su compañero/a; y Géminis debe respetar el gusto de su pareja por el hogar y permanecer un poco más de tiempo en él o quedar allí con sus amistades, en lugar de hacerlo en el bar o el restaurante.

Para evitar que el rencor perdure en el tiempo, deben hacer esfuerzos en perdonarse las ofensas e intentar olvidarlas.

Por lo demás, la reconciliación será muy emotiva, ya que los dos tienen un fondo bueno y sabrán entenderse y perdonarse después de haber hablado del problema.

GÉMINIS - LEO

Dos signos compatibles, ya que Fuego y Aire en Astrología hacen buena mezcla.

Géminis, signo flexible, se adapta bastante bien a Leo, ya que, aunque este a veces se muestre autoritario y orgulloso, le comprende bien y sabe que en el fondo «no es tan fiero el león como le pintan».

El carácter artístico y creativo de Leo encontrará en Géminis un admirador que comprenderá a su pareja y la apoyará en todo lo que necesite, aunque más bien de forma intelectual. En este punto pueden encontrar ambos signos un punto de colaboración y apoyo mutuo.

En la vida en común deben salvar, sin embargo, varios obstáculos que, de perpetuarse, pueden hacer peligrar la relación. Leo no entenderá el carácter inestable de Géminis; y este sentirá a veces que Leo es demasiado autoritario y quiere ser siempre el amo y señor de la relación. También a Leo pueden llegar a eclipsarle los discursos interminables de Géminis, cosa que le aburrirá, ya que necesita la mayoría de las veces ser centro de atención.

En el plano amoroso, Leo es demasiado fogoso, y Géminis puede no corresponderle o incluso verse agobiado por sus insistentes demostraciones afectivas.

Para que la relación prospere, ambos deben poner un poco de su parte: Leo debe ser menos autoritario y Géminis menos inestable.

GÉMINIS - VIRGO

Serán dos signos mentalmente complementarios debido a que los dos tienen de regente al planeta Mercurio. Podrán entenderse plenamente en la comprensión de los diversos problemas de la vida y en su forma de entender las ideas y los métodos.

Sin embargo, mientas Géminis se queda en la superficie de las cosas, Virgo irá hasta el fondo y realizará un análisis hasta las últimas consecuencias. En este sentido, Géminis puede acusar a Virgo de maniático, y Virgo puede contestarle que es muy superficial.

Los dos, sin embargo, pueden complementarse si llegan a formalizar una relación de pareja, ya que son distendidos y siempre se entenderán y buscarán algún modo de rebajar la bronca con algún tipo de broma.

Los dos son frios e intelectuales y basarán la relación en un contrato más que en un compromiso firme, pues de esta forma se sentirán más seguros, ya que no les gusta comprometerse de forma rígida.

No obstante, esto no quiere decir que la relación no pueda ser duradera.

GÉMINIS - LIBRA

Es una relación compatible, ya que son de la misma naturaleza elemental: Aire-Aire. Por tanto, tiene probabilidades de ser agradable, pues ambos se entienden perfectamente, ya que basarán su unión en la razón antes que en la pasión.

La belleza natural que corresponde a Libra será una atracción irresistible para Géminis, que caerá en sus brazos en la primera ocasión, aunque nunca lo hará de forma sumisa como lo haría un Piscis u otro signo de Agua.

Libra, por su parte, no podrá resistir el encanto natural que tiene Géminis a la hora de expresarse con palabras. Pues el dominio de la palabra es su fuerte y, cuando tiene que seducir, no ahorra en hábiles lisonjas y palabras bellas, casi mágicas, para conseguir lo que se propone.

Sin embargo, si quieren que la relación sea duradera, deben evitar el flirteo con otras personas del sexo opuesto, ya que les gusta a ambos. Esto, unido a que, por pertenecer los dos al elemento Aire, no son por lo general signos muy fieles y se permiten cierta libertad, podría ser motivo, si la cosa llega muy lejos, para que la pareja se rompa.

GÉMINIS - ESCORPIO

No son compatibles, ya que Escorpio es un signo de sentimientos profundos y tiende hacia una relación estable y duradera, mientras que Géminis es un signo voluble, más mental e independiente.

Las constantes exigencias sexuales y emotivas de Escorpio, tremendamente terrenas y carnales, no se aceptarán fácilmente por un Géminis que busca experiencias más intelectuales.

Así mismo, Escorpio tampoco entenderá muy bien la necesidad de independencia y de relacionarse socialmente de Géminis.

La relación puede hacerse, sin embargo, llevadera si los dos ponen un poco de su parte y buscan puntos de encuentro y comprensión mutua en el terreno mental. Por ejemplo, Escorpio puede aportar a la curiosidad intelectual de Géminis sus cualidades de investigador nato y mente científica.

GÉMINIS - SAGITARIO

Los dos son signos mudables, uno de Fuego y otro de Aire, dos elementos que en Astrología combinan muy bien. Sagitario es el encargado de exteriorizar la moral, el bien común, y Géminis, el pensamiento, las ideas. Los dos son comunicativos y sociables. Encandilarán con su elocuencia al auditorio, que se lo pasará en grande escuchándolos.

No obstante, deben respetar los turnos de palabra, ya que los dos son muy habladores y, en múltiples ocasiones, puede que hablan a la vez y no se escuche bien el uno al otro.

Es esta una combinación que puede ir bien, ya que la monotonía nunca les alcanzará porque a los dos les encanta el cambio, lo distinto, lo novedoso.

Ambos pueden llegar a ser grandes oradores y la mezcla de los dos puede resultar en una buena atmósfera de intercambio de ideas. Además, los dos poseen un excelente humor, por lo que crearán un ambiente agradable en su entorno.

Los dos tienen necesidad de independencia y, en este sentido, respetará cada uno la libertad del otro, aunque esto no es óbice para permanecer unidos.

Se contarán todos los secretos, no dejando nada para el misterio, sino que en ellos reinará la mayor franqueza.

GÉMINIS - CAPRICORNIO

Son dos naturalezas incompatibles. Capricornio es un signo de Tierra, serio, reservado, práctico, amante de las reglas y las leyes, tranquilo y poco comunicativo. Géminis es más bien ligero, versátil, y necesita comunicarse constantemente e intercambiar ideas con los demás.

Capricornio, para resolver sus problemas necesita calma, silencio y soledad que le permitan concentrarse, y no soportará a un Géminis, cuyo discurso es imparable y que estará la mayoría del tiempo inquieto, lo cual le irritará sobremanera.

No obstante, pueden llegar a alcanzar cierta armonía si Géminis tiene la paciencia de escuchar a Capricornio sus problemas y preocupaciones sin dispersar en todas direcciones y dar la sensación de que no le escucha. Y Géminis debe aprender a no agobiar a su pareja con su insistente discurso.

GÉMINIS - ACUARIO

Dos signos de Aire que pueden llegar a entenderse muy bien, debido a su naturaleza más cerebral que emotiva.

Entre los dos habrá un intercambio de ideas y opiniones que hará imposible la monotonía en la pareja. El uno (Acuario) es creador de ideas originales; el otro (Géminis) puede expresarlas con gracia y naturalidad, ya sea oralmente o por escrito, convenciendo a su auditorio por su fluidez de vocabulario y su convicción.

Como ambos signos son de naturaleza sociable, tendrán un amplio abanico de amistades, con las cuales compartirán sus ideas y aficiones.

En resumen, una relación fructífera en todos los sentidos, que podría ser feliz y duradera.

GÉMINIS - PISCIS

Ya sabemos que Agua y Aire no son compatibles, lo que se traduce en sentido práctico en que la emoción y la razón no se llevan muy bien.

Piscis es soñador, amoroso, volcado en los sentimientos; y Géminis es un signo mental, práctico, racional. Por tal motivo no encajará bien con una pareja que no atiende demasiado a razones y se guía más bien por la emoción.

Piscis busca una relación sensible, romántica, tierna, que le permita amar con abnegación en la quietud y soledad. Pero Géminis, cerebral e inestable, no podrá satisfacer este ideal, pues buscará un amor más intelectual con el que compartir ideas y proyectos sin quimeras o sueños de tipo romántico. Más comunicativo y que no se refugie tanto en sus sueños y quimeras.

El amor y respeto son las bases para que esta relación vaya bien, y entender la manera de ser, gustos y aficiones de la pareja, sin poner cortapisas ni trabas, hará que, aunque la relación sea difícil, no obstante, pueda resultar agradable y enriquecedora.

SALUD

Géminis rige los pulmones, los bronquios, las manos, los brazos, los hombros, las costillas superiores, los nervios, la respiración y la oxigenación de la sangre, la glándula tymus. Por tanto, las aflicciones o malos aspectos de los planetas sobre este signo pueden llegar a producir las distintas dolencias que afectan a estas zonas del cuerpo:

Bronquitis, catarros, pulmonías, asma, enfermedades nerviosas, fractura de brazos y manos, anemia, tuberculosis, intoxicación sanguíneaneumonías, etc.

Así pues, deberá tener especial cuidado con estas zonas de su cuerpo y prestarles más atención de lo normal, y no abusar sobrecargándolas o sobreexcitándolas.

Cuando se producen malos aspectos sobre Géminis da lugar a todos los problemas relacionados con una mala administración de la energía de Géminis y Mercurio, planeta que rige el signo. Si quiere evitarlos, debe tener especial cuidado y tomar conciencia de cómo está trabajando dicha energía. Por ejemplo, la mala administración de esta energía se traduce por comportarse con los peores defectos del signo: envida, calumnia, etc.

Si quiere mantener una buena salud, tanto física como mental, debe evitar al máximo este tipo de comportamientos y desarrollar las cualidades positivas del signo.

TRABAJO

Géminis necesita trabajar en todas aquellas profesiones en las que pueda desarrollar su potencial comunicativo y expresivo.

Por lo tanto, le irán bien los empleos de Periodistas, presentadores de radio o televisión, escritores, conferenciantes, oradores, impresores, editores, intérpretes, carteros, intermediarios, etc.

Al estar relacionado con la casa III que rige los transportes, también le irán bien los trabajos que tengan relación con los medios de locomoción: conductores de autobús y taxis, transporte de mercancía, agencias de viaje, guías turísticos, etc.

PERSONAS CÉLEBRES
NACIDAS EN GÉMINIS

* Alfonso Guerra González, 31-05-1940: político socialista
* Angelina Jolie, 04-06-1975, actriz
* Clint Eastwood, 31-05-1930: actor y cineasta
* David Bisbal, 05-06-1979: cantante
* Demis Roussos, 15-06-1947: cantante
* Fernando Ónega, 15-06-1947: periodista
* Guillermo Díaz Plaja, 23-05-1929: escritor
* Isabel Caballer, 31-05-1963: comunicadora
* Jaume Vicens Vives, 06-06-1910: historiador
* John Wayne, 26-05-1907: actor
* José Luis Coll, 23-05-1932: humorista
* Juanito Valderrama, 24-05-1919: cantaor
* Lola Forner, 06-06-1960: actriz
* Luis Llongueras, 24-05-1936: peluquero
* Marilyn Monroe, 01-06-1926, modelo y actriz
* Mónica Naranjo, 23-05-1974: cantante
* Naomi Campbell, 22-05-1970: modelo, actriz y cantante
* Rafa Nadal, 03-06-1986: jugador de tenis profesional
* Thomas Mann, 06-06-1875: escritor, novelista y ensayista
* Thomas Moore, 28-05-1779: escritor y músico

Cáncer

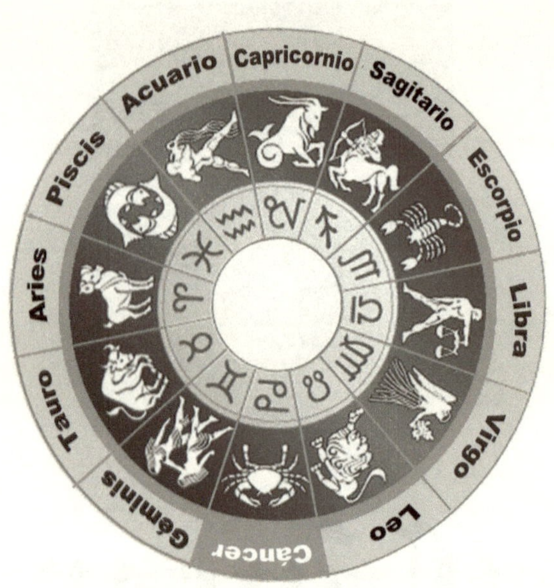

Acuario
Capricornio
Sagitario
Piscis
Escorpio
Aries
Libra
Tauro
Virgo
Géminis
Leo
Cáncer

CÁNCER

22 de junio al 22 de julio

Conexión con la fuente del Amor

Elemento: Agua

Símbolo: ♋

Color: Blanco, verde claro, gris perla

Planeta regente: Luna

Gemas: Ónix blanco, perla

Metal: Plata

Día de la semana: Lunes

Números de la suerte: 2 y 4

SÍMBOLOS DE CÁNCER Y LA LUNA

El símbolo de Cáncer se representa con dos espirales: ♋, que expresa el cambio de sentido del movimiento solar: ascendente y descendente.

En el Solsticio de verano, el Sol llega al Trópico de Cáncer y empieza a viajar «hacia atrás». Representa la vida. Simboliza el mar, las aguas originales de las que procede toda la vida, las aguas maternas, el líquido amniótico donde se desarrolla el feto. El cangrejo que lo representa es un ser de cuerpo frágil, que se protege bajo un caparazón y camina hacia atrás, lo que hace a los nativos de este signo emocionalmente vulnerables. El cangrejo, entre los egipcios, era el símbolo del alma, por lo que este signo también la representa.

Su planeta regente es la luna, que consta de un semicírculo: ☽. Este semicírculo representa al alma humana, y en un horóscopo tiene relación con la imaginación, la madre, el alma, las mujeres en general, el inconsciente... Por eso el signo de Cáncer es por antonomasia el signo de la madre y la mujer.

PERSONALIDAD

Cáncer es el primer signo de Agua, elemento que se asocia con los sentimientos. En el Zodiaco se sitúa en la casa IV, que representa el hogar, la madre, el fundamento. Por tanto, será un signo que ama el hogar y la maternidad por encima de otras cosas. Le encanta ser el centro de la familia y disfruta ejerciendo de madre con los demás, no importa el género. Allí donde haya un cáncer tendremos al que vela por los demás y los cuida como lo haría una verdadera madre.

Es muy emotivo y receptivo, hasta tal punto, que hay que mirar muy bien lo que se le dice, ya que se suele sentir herido con mucha facilidad. Esto le ocurre porque está viviendo la experiencia del sentimiento puro. Por eso los que están a su alrededor tienen que tener cuidado con lo que hacen o dicen a un Cáncer y tener en cuenta que cualquier cosa es por él vivida con más intensidad sentimental de lo normal, aunque externamente no dé esa impresión.

Tiene una imaginación desbordante, requisito indispensable para ser un buen escritor o guionista. Es tremendamente intuitivos, y tiene presentimientos que, la mayoría de las veces, se convierten en realidad. Algunos tipos de Cáncer llegan a rozar ciertas dotes clarividentes, ya que es un signo bastante psíquico.

Por lo general, suele ser tímidos y tiene frecuentes cambios de humor.

Cuando tiene un problema suele refugiarse en las personas que conoce, en el pasado. Está muy apegados a la familia, a la infancia a los recuerdos y, prefiere la vida familiar a la social, ya que se siente mucho más seguro. Es pacífico y normalmente cambia muchas veces de domicilio a lo largo de su vida.

Cuando quiere algo, se dirige hacia ello con persistencia, aunque, a veces da la sensación de que da un paso hacia delante y otro hacia atrás.

Si está agobiado se refugian dentro de sí mismo. Al igual que el cangrejo, símbolo que lo representa, se mete dentro de su caparazón y no sale de allí hasta que se siente seguro.

También utiliza su piel, es decir, su caparazón, para parar los golpes de la vida. Mejor dicho: la mayoría de las veces se siente tan vulnerable, que aparenta que es más duro de lo que es en realidad. En este sentido, no deja que los demás penetren en su interior, y de esta manera se protege de posibles daños sentimentales que pudieran hacerle aquellos que lleguen a conocer sus puros sentimientos.

Es un signo muy tradicional, le gustan las antigüedades, las biografías, los viajes por mar y tiene una predilección por la buena cocina.

En el amor, la relación con un Cáncer debe plantearse en términos de vida en pareja, ya que no concibe una relación sin compromiso y vida en común.

El amor juega para ellos un papel muy importante, pues tienen conexión directa con la fuente del amor universal. Por eso, a veces, se lanzarán a la conquista de todo aquello que constituye el objeto de su deseo e intentarán acapararlo de alguna manera.

Es muy difícil encontrar un Cáncer solitario, más bien, la mayoría de las veces, tendrá una gran familia alrededor o vivirá rodeado por gente de su entorno más cercano.

Los Cáncer han venido a vivir la experiencia del amor cósmico, el cual de un modo práctico se traduce por amar, en un primer término, a los que tiene a su alrededor.

CUALIDADES A DESARROLLAR

Amor.
Pacifismo.
Imaginación.
Intuición.
Sensibilidad.
Emoción.
Receptividad.
Sentimiento maternal.
Psiquismo.
Compasión.

DEFECTOS A SUPERAR

Timidez.
Imaginación negativa.
Tendencias lunáticas.
Exceso de sensibilidad.
Celos.
Intolerante.
Arrogante.
Sarcástico.
Vengativo.
Temperamental.

AMOR Y COMPATIBILIDAD

Cáncer es un signo al que le encanta la vida en el hogar y la relación familiar. Así pues, cualquiera que inicie relación con este signo debe estar dispuesto a que esta sea con todo su entorno familiar y mostrar cierta simpatía con ellos. De esta forma, se ganará su cariño.

Es un signo poco solitario, le gusta más bien la vida en sociedad, aunque tampoco le van los grupos demasiado grandes.

Los nativos de Cáncer son muy cariñosos, emotivos y sensibles y, sobre todo, muy impresionables, por lo que hay que cuidar muy bien la forma en que se les trata.

Viven sus emociones de forma intensa, aunque, la mayoría de las veces, ponen una coraza hacia el mundo exterior, de forma que no se descubra qué es lo que están sintiendo.

Por lo general, se muestran reservados y tímidos hacia el sexo opuesto.

Si se les trata con delicadeza, se muestran agradecidos y la relación con ellos puede ser sumamente armoniosas. Serán atentos y protectores con su pareja, a quien demostrarán su amor de una forma completa.

Cáncer no busca una aventura amorosa, sino un amor permanente para crear su propia familia. Así, pues, quien inicie una relación con los nativos de este signo debe estar dispuesto a vivir una relación duradera. Si busca una relación pasajera, más le vale que ni siquiera empiece a conocerlo, ya que si después corta la relación, podría hacerle un daño innecesario. También debe se una persona a la que les agrade tener una especie de cuidado maternal o paternal, ya que normalmente, cuando un Cáncer, ama, protege al ser amado como lo haría un padre o una madre .

El influjo lunar los hace ser emotivos y románticos, aunque también tener frecuentes cambios de humor, ligados a las variaciones atmosféricas y a las fases lunares. Por tanto, alternarán periodos de apatía y tristeza con otros de actividad y alegría.

También necesitan, debido a las variaciones de carácter, tener frecuentes cambios en su vida, por lo que viajará frecuentemente.

Entre sus gustos y aficiones están el teatro, el cine y la televisión, con los cuales disfrutará en sus ratos de ocio.

CÁNCER - CÁNCER

Es esta una mezcla de Agua y Agua de la misma naturaleza. Por tanto, habrá entendimiento en principio, ya que los dos son románticos, sensibles, amantes de la vida familiar... Pero, al ser los dos tan iguales sentimentalmente hablando, puede haber un conflicto entre ellos y echarse en cara el uno al otro que es el que más amor o abnegación pone en la relación.

Los choques emocionales pueden resultar demasiado intensos, pues no se pondrán de acuerdo en quién hirió o quién fue el herido, los dos se mostrarán como si fueran las víctimas y no entenderán que el otro no les dé la razón. Por lo que también aquí hay un peligro de discusión y desarmonía.

Para evitar que el rencor perdure en el tiempo, deben hacer esfuerzos en perdonarse las ofensas e intentar olvidarlas.

Por lo demás, la reconciliación será muy emotiva, ya que los dos tienen un fondo bueno y sabrán entenderse y perdonarse después de haber hablado del problema.

CÁNCER - LEO

Aunque, como es bien sabido el Agua apaga el Fuego, esta relación, no obstante, puede resultar buena, siempre que Cáncer se someta a las exigencias de Leo.

Cáncer y Leo forman una pareja opuesta pero complementaria. Porque, aunque el Agua de Cáncer se opone al Fuego de Leo, sus regentes: Sol, en el caso de Leo, y Luna, en el de Cáncer, son complementarios.

Por tanto, como hemos dicho, uno será activo, ardiente, extrovertido (Leo), y otro será pasivo, emocional, introvertido y sumiso (Cáncer).

Así como la Luna física refleja la luz del Sol, en este caso Cáncer reflejará la luz de su pareja, su brillo, es decir, le gustará estar en segundo plano y preferirá que su pareja Leo lleve la voz cantante en los asuntos sociales y familiares.

Los problemas pueden llegar cuando Leo, debido a la condescendencia de su pareja, le exija más de lo debido y no le dé la importancia que tiene, sobrepasándose en autoridad y tiranía. O también cuando no cuide el tacto emocional hacia ella, ya que si se muestra poco sensible, puede causarle un daño innecesario, pues esta se sentirá fácilmente herida.

CÁNCER - VIRGO

Puede haber una buena relación, ya que los dos son sencillos, tímidos y modestos. No tienen grandes ambiciones.

Es una unión que tendrá como base sólida el sentido común, el afecto, la ternura y la comprensión mutua.

Aunque sus temperamentos sean complementarios, como los son el Agua y la Tierra, tienen, no obstante, una forma de ver el mundo un tanto diferente. Cáncer es subjetivo, imaginativo y utiliza una razón más bien del subconsciente, intuitiva. Sin embargo, Virgo se rige más por la razón, el análisis y la crítica. También habrá puntos de fricción en la manía de higiene que puede llegar a tener Virgo, lo que chocará con la necesidad de tranquilidad de su pareja Cáncer.

Pero, salvando estos inconvenientes de poca importancia, puede resultar una relación armoniosa y duradera, pues los dos son austeros y no necesitan grandes lujos para vivir. Y en el amor se complementan perfectamente.

CÁNCER - LIBRA

Estos dos signos conciben la existencia de muy distinta manera, a pesar de que, en un principio la Luna y Venus son signos románticos y amorosos. Cáncer necesita una vida doméstica tranquila y pacífica. Libra, por el contrario, es más amante de la vida social y diversa bastante activa.

Es una relación que, en un principio, puede resultar agradable debido a la naturaleza dulce y amorosa de ambos signos. Pero con el tiempo la necesidad de vivir en un espacio restringido de Cáncer chocará con la falta de apego al hogar y las salidas constantes de Libra.

Si logran limar estas asperezas y armonizarlas, puede ser una relación estable y duradera, ya que sus naturalezas tienen capacidad suficiente para comprenderse y amarse, pues Libra es un signo que tiende al equilibrio, y Cáncer es tranquilo y sensible. Uno (Cáncer) es protector, y el otro (Libra) le gusta ser protegido.

CÁNCER - ESCORPIO

Son signos compatibles. Los dos pueden entenderse y formalizar relaciones duraderas.

De entre los signos de Agua, es esta unión la que mejor puede congeniar en todos los sentidos.

Escorpio necesita y exige fidelidad a la pareja. Cáncer es un signo fiel, que nunca dará a su pareja motivo para estar celoso.

Los dos pueden vivir una gran pasión amorosa y una historia de amor de las que no se olvidan, pues Escorpio, signo de fuertes emociones, se acoplará bien con Cáncer, sensitivo e imaginativo.

Hay, sin embargo, un punto en el que Escorpio debe tener especial cuidado, ya que sus palabras violentas y fuera de lugar con que a veces suele responder, pueden herir profundamente la sensibilidad de Cáncer.

CÁNCER - SAGITARIO

Es una relación que, en principio, no combina, como no lo hace el Fuego y el Agua. Cáncer es hogareño y Sagitario no suele parar en casa.

Sagitario es un signo agitado, arriesgado, independiente. Siempre suele estar en movimiento. Le gusta el deporte. Necesita ir de aquí para allá gastando energía. No le gusta el sedentarismo, ya que se siente mal y puede, incluso, llegar a enfermar si se tira mucho tiempo encerrado en casa o en cualquier otro sitio.

Cáncer es más pacífico, tranquilo, sosegado, tiene verdadero apego por la familia y el hogar y no le gusta salir, ni el movimiento de aquí para allá.

Se comprenderá, por estas formas tan distintas de ser, que Cáncer y Sagitario no se complementan bien.

Si Cáncer cede a los gustos de su pareja, lo pasará mal. Así como si lo hace Sagitario.

Por tanto, para que estos dos signos se complementen bien, deben ceder cada uno una parcela de su modo de vida, es decir, Cáncer debe dejar a Sagitario salir, aunque él no vaya con él; y Sagitario debe entender que Cáncer no quiera ir con él sin enfadarse.

En el amor también puede haber problemas, ya que Sagitario es más fogoso que su pareja Cáncer. En este sentido, también encontrarán el entendimiento cuando se respeten mutuamente, lo que se conseguirá si hay verdadero amor y objetivos intelectuales o espirituales comunes.

CÁNCER - CAPRICORNIO

Una unión favorable que dará estabilidad a la vida en común.

Podemos decir que Cáncer y Capricornio constituyen la pareja ideal o bastante aproximada. En efecto, Capricornio aportará el sentido práctico y realismo material de los que carece el emocional Cáncer.

Cáncer encontrará en su pareja Capricornio a la persona ideal que le aportará estabilidad, fidelidad, confianza y apoyo.

La relación amorosa será armónica, sin grandes pasiones, sino más bien se construirá sobre una base sólida y duradera. Tal vez en algún momento Cáncer se sienta mal por el carácter poco sentimental y nada demostrativo de cariño de Capricornio, pero valorará más sus cualidades saturninas del sentido del deber y la responsabilidad.

La casa décima que ocupa Capricornio se identifica con el padre, y la casa cuatro, ocupada por Cáncer, con la madre. Por lo que ambos constituyen los polos opuestos ideales para formar una familia, que mantenga el equilibrio padre-madre en el hogar, algo necesario en la estabilidad y la disciplina propias de una pareja que desea tener hijos.

CÁNCER - ACUARIO

En principio, el acuático Cáncer con el aéreo Acuario no casan muy bien, aunque el símbolo de este último sea el del aguador.

Estos signos se encuentran en longitudes de onda bastante alejadas. Mientras que Cáncer es imaginativo, sensible, influenciable y receptivo, Acuario es más bien racional, lógico y poco dado a las demostraciones de cariño.

Además, a Acuario le importa mucho la amistad y la Humanidad en general, y Cáncer busca cobijo en el entorno familiar.

En el amor, Cáncer no se sentirá satisfecho con su pareja Acuario, ya que demandará de este que se esfuerce un poco más en su demostración de amor y que permanezca más tiempo en el hogar, y se esforzará por hacer para él un hogar lo más agradable que pueda. Acuario, en cambio, huirá del hogar a la primera de cambio a relacionarse con sus amigos y a eventos y acontecimientos sociales.

Pueden encontrar un punto de equilibrio cediendo cada uno una parte de sus hábitos y forma de relacionarse con su entorno. Acuario, puede, por ejemplo, invitar a sus amigos a casa, y Cáncer salir un poco más del hogar para complacer a su pareja.

CÁNCER - PISCIS

Una relación sublime, pero deben tener cuidado en perder el sentido práctico de la vida, ya que los dos tienden a ver el lado romántico y místico de la vida.

Los dos son signos psíquicos y tienen una poderosa intuición. Son muy emocionales y esto puede dar lugar a una comprensión fuera de lo común.

Cuando están juntos, se encuentran tan bien y comprendidos, que a veces se tiran hablando horas y pierden incluso la noción del tiempo.

Otras veces, se entienden sin llegar siquiera a pronunciar una palabra.

Compartirán el gusto por la cocina, por la buena mesa, por el agua, por los viajes marítimos, por el mar, por los lugares tranquilos y pacíficos.

Los dos tienen un carácter dulce y servicial y buscarán siempre lo mejor de su pareja.

En definitiva, pocas fricciones pueden haber en esta relación, quizá que Piscis, sobre todo si es mujer, puede llegar a demostrar más sus sentimientos que su pareja Cáncer y demandar de esta el mismo comportamiento.

SALUD

Cáncer rige el estómago, el esófago, el páncreas, el diafragma, las glándulas mamarias, los ovarios, los pechos, la cavidad torácica, los lóbulos superiores del hígado y el suero de la sangre Por tanto, las aflicciones o malos aspectos de los planetas sobre este signo pueden llegar a producir las distintas dolencias que afectan a estas zonas del cuerpo:

Úlcera estomacal, gastralgias, dispepsias, obstrucción estomacal, indigestión, icteria, flatulencia, piedras en la vejiga, indigestiones, pancreatitis, etc.

Por lo tanto, deberá tener especial cuidado con estas zonas de su cuerpo y prestarles más atención de lo normal, y no abusar sobrecargándolas o sobreexcitándolas.

Cuando se producen malos aspectos sobre Cáncer da lugar a todos los problemas relacionados con una mala administración de la energía lunar, planeta que rige el signo. Si quiere evitarlos, debe tener especial cuidado y tomar conciencia de cómo está trabajando dicha energía. Por ejemplo, la mala administración de esta energía se traduce por comportarse con los demás con los peores defectos del signo: tendencias lunáticas, exceso de sensibilidad, celos, intolerancia, arrogancia, sarcasmo, venganza... y sobre todo, debe combatir la pereza y la dejadez. Si quiere recuperar la salud, debe evitar al máximo este tipo de comportamientos.

TRABAJO

Cáncer necesita trabajar en todas aquellas profesiones en las que pueda desarrollar su potencial imaginativo y sentimental. También en los que la psicología desempeñe un papel fundamental.

Por lo tanto, le irán bien los empleos de escritor de novelas, poeta, artista, editor, librero y todo lo relacionado con el despliegue de la imaginación.

También podrá trabajar de cocinero/a, como anticuario, comerciante, asistente social, historiador, psicólogo...

Además, cualquier trabajo que pueda desarrollar en su propia casa.

PERSONAS CÉLEBRES
NACIDAS EN CÁNCER

- Augusto Algueró, 03-07-1964: director musical, compositor
- Chayanne, 28-06-1968: militar español
- Elsa Pataky, 18-07-1976: actriz
- Ernesto Sabato, 24-06-1911: novelista
- Franz Kafka, 03-07-1963: escritor
- George W. Bush (hijo), 06-07-1946: 43º presidente de los Estados Unidos
- Jessica Simpson, 10-07-1980: actriz y cantante
- Jesús Hermida, 27-06-1937: periodista
- Lady Di, 01-07-1951: princesa de Gales.
- Miguel Induráin, 16-07-1964: ciclista
- Nelson Mandela, 18-07-1918: político
- Pamela Anderson, 01-07-1967: actriz y modelo
- Pau Gasol, 06-07-1980: jugador de baloncesto
- Salvador Allende, 26-06-1908: presidente de Chile (1970-1973
- San Juan de la Cruz, 04-07-1542: santo, poeta místico
- Sylvester Stallone, 06-07-1946: actor
- Tom Cruise; 03-07-1962: actor

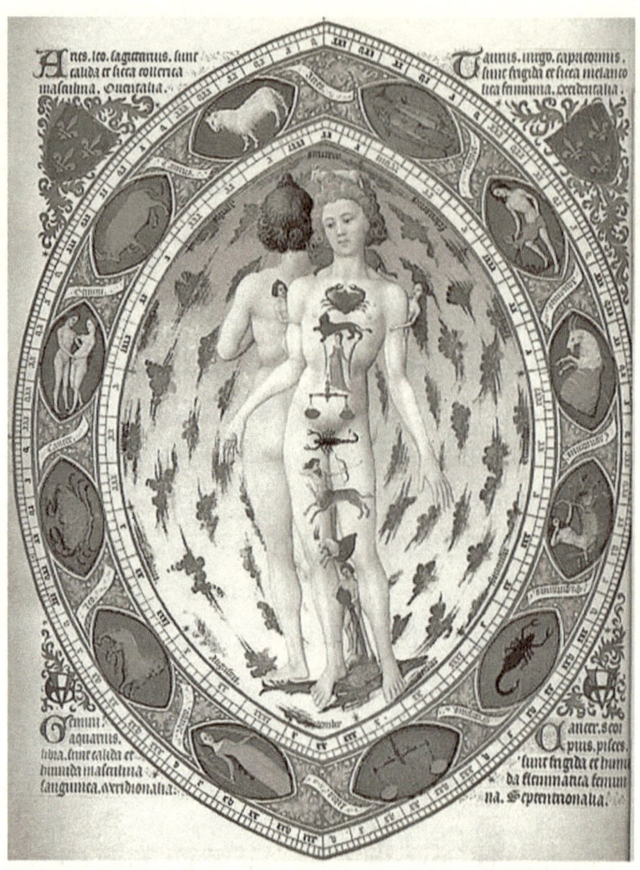

El hombre y el Zodiaco, de Paul Malouel, muestra las
asociaciones de los Signos del Zodiaco con las distintas
partes del cuerpo.

Leo

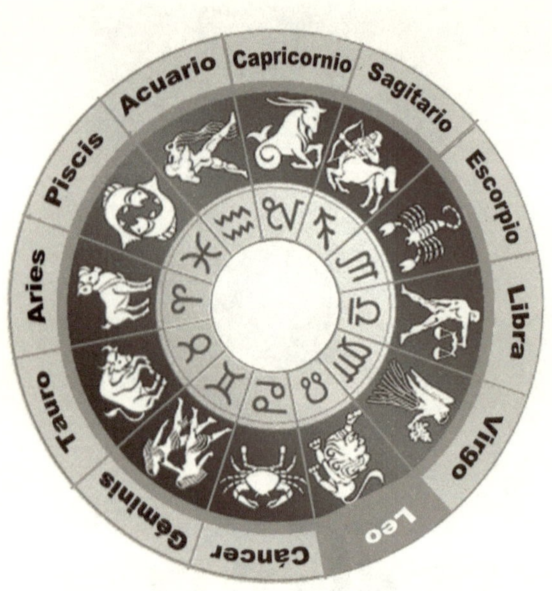

Piscis
Acuario
Capricornio
Sagitario
Escorpio
Libra
Virgo
Leo
Cáncer
Géminis
Tauro
Aries

LEO

23 de julio al 23 de agosto

Guardián del Bien y la Sabiduría

Elemento: Fuego

Símbolo: ♌

Color: Dorado, naranja

Planeta regente: Sol

Gemas: Diamante, rubí

Metal: Oro

Día de la semana: Domingo

Números de la suerte: 1 y 5

SÍMBOLOS DE LEO Y EL SOL

$$\text{♌} \quad \odot$$

El símbolo de Leo se representa con un antiguo dibujo del león: ♌, rey de los animales, símbolo de vida, fuerza y realeza.

Su planeta regente es el Sol, que consta de un círculo y un punto en el medio: ⊙. El círculo representa al espíritu (centro de todas las facultades espirituales), la fuente de vida. En su conjunto, también representa este símbolo al Universo y al Yo superior, lo que está simbolizado respectivamente por el círculo (Universo) y punto en el medio (Yo Superior), que lo sostiene y anima.

El Sol es el astro rey, todos los demás planetas giran a su alrededor. En su esencia está contenida la de los demás planetas. Por eso Leo necesita brillar y destacar en su medioambiente.

Allí donde se encuentra el Sol en un horóscopo indicará las cualidades que el individuo ha venido a desarrollar en esta vida y, por tanto, serán las que tendrá que comenzar desde cero, las que desconoce por completo.

El Sol en un horóscopo simboliza, la energía, la vida, la realeza, el padre, el marido, el rey, el guía, el jefe... Todos ellos atributos, por excelencia, del nativo de Leo. Nos dice, además, el ciclo en el que está trabajando (Fuego, Agua, Aire o Tierra). En el Fuego indica que iniciamos un nuevo ciclo de experiencias; en el Agua, nos enfrentaremos con experiencias de tipo sentimental o emotivas; en el Aire, de tipo mental; y en la Tierra aprenderemos a organizarnos de forma práctica.

PERSONALIDAD

Leo es el corazón del Zodiaco. Expresa la alegría de vivir, la ambición, el orgullo y la elevación. Los leo son nobles optimistas, generosos, sinceros, fieles, honestos y tienen capacidad para el liderazgo. Tienen un carácter creativo y una necesidad de expresar todo su potencial interno a través de cualquier medio a su alcance, ya sea como artista, escritor, empresario, etc.

En todo momento necesitan expresarse a sí mismos, brillar, derramar energía a su alrededor.

Tienen fama de proteger con celo a quienes los rodean, en especial a los niños y a los débiles. Cualquier persona que tenga un Leo cerca sentirá una seguridad especial y nunca tendrá la sensación de estar desprotegida.

Necesitan ser en todo momento el centro de atención y pueden ser muy sensibles. Sin embargo, cuando se les hace de menos o se les humilla, pueden perder fácilmente los papeles y mostrarse iracundos y enfadados, sobre todo si la humillación es en público. Aunque, como a los niños, el enojo nunca les dura mucho tiempo y suelen olvidar muy pronto, sin rencor, cualquier ofensa.

No se rinden a la primera de cambio, sino que cuando quieren algo, luchan por ello hasta conseguirlo.

Apoyan las grandes iniciativas, los grandes proyectos, principalmente aquellos que tienen que ver con las mejoras en la humanidad.

Son buenos maestros y se sienten especialmente a gusto enseñando a los niños. La mayoría de las veces suelen ser escuchados con atención y respeto. Sin embargo, deben tener cuidado para no mostrase fanfarrones ante los demás, ya que, al estar algunas veces tan seguros de sí mismos, pueden mostrarse demasiado arrogantes y no escuchar las ideas y las sugerencias de los demás, lo que, sin duda, los dejará en desventaja, pues perderán credibilidad ante su auditorio.

Leo es el segundo de los signos de Fuego, elemento que desprende la energía primordial, que se traduce por iniciativa, voluntad y optimismo. Como segundo signo de dicho elemento, se ocupa de la interiorización del designio divino. Si en Aries, primer signo de Fuego, tenía lugar la plantación de la semilla, hecho que se traduce por ser iniciador y comenzar los proyectos, Leo será el que protege los proyectos iniciados por Aries, los guardianes del designio divino. Una misión muy importante, ya que se trata de aguantar el edificio del bien y la sabiduría en el mundo. Debe utilizar su influencia y su posición en la sociedad para enseñar y defender las grandes y elevadas ideas de la Humanidad y no para salvaguardar sus propios intereses egoístas.

CUALIDADES A DESARROLLAR

Nobleza.
Optimismo.
Generosidad.
Sinceridad.
Fidelidad.
Confianza.
Honestidad.
Liderazgo.
Creatividad.
Romanticismo.

DEFECTOS A SUPERAR

Orgullo.
Soberbia.
Irritabilidad.
Tiranía.
Vanidad.
Infantil.
Jactancia.
Pretencioso.
Miedo al ridículo.
Autócrata.

AMOR Y COMPATIBILIDAD

Suelen ser los que llevan la voz cantante. Son románticos, encantadores y carismáticos. Saben conseguir que la persona amada se sienta especial. Son leales, fieles y honestos; de amor sincero y afectos profundos.

Todo lo anterior, claro está, con la única condición de que se les corresponda, ya que si se les ignora o ridiculiza, suelen responder de forma agresiva, pues esta actitud por parte de la persona amada los hace sumamente infelices.

Cuando un Leo se enamora se comporta de tal manera, que eleva a la persona amada a la categoría de dios o diosa. Desea que todo el mundo sepa lo importante que es su pareja y la envuelve con regalos y lisonjas que difícilmente esta puede olvidar. Asimismo, suele darse él la máxima importancia y disfruta al máximo mostrando a los demás las mejores cualidades de la persona objeto de su amor.

Este comportamiento, a veces rayando lo teatral e infantil, los demás suelen verlo como fingido y forzado, pues no llegan a entender que pueda ser sincero.

Si los aspectos sobre el sol son malos, mostrará las cualidades negativas del signo, exagerando su vanidad y mostrándose un ser arrogante y creído, que será rechazado por las personas de su entorno.

Si, por el contrario, confluyen buenos aspectos sobre su sol, mostrará lo mejor del signo de Leo y brillará de forma natural sin necesidad de forzar situaciones. Este brillo natural es necesario porque Leo debe simbolizar el corazón y la nobleza en el ser humano, cualidades que se traducen por amor y lealtad al principio espiritual o Yo Superior y que a Leo le ha tocado en suerte defender en su comportamiento diario. En efecto, esta nobleza y este amor sincero lo convierten en un ser auténtico, incapaz de astucia y malevolencia hacia el prójimo.

De cualquier forma, un Leo siempre mostrará majestuosidad y elevación en su relación con la persona amada. Le gustará figurar y resaltar del resto de parejas y una relación con él nunca resultará vacía, aburrida o mediocre, pues en su ánimo está ser ejemplo de lo más elevado que hay en cada ser humano, que es la parte espiritual, el Yo Superior.

LEO - LEO

Aquí se mezclan Fuego y Fuego de la misma naturaleza, es decir, con los mismos objetivos y personalidad. En principio, hay armonía porque los dos entienden sus necesidades. Pero si uno de los dos intenta dominar al otro o brillar más que él, entonces habrá problemas. Y dado que los dos tienen tendencia a llevar las riendas de la relación y a sobresalir en su ambiente, esta puede tornarse complicada. Sobre todo cuando se trate de destacar en público.

Como los dos comparten los mismos gustos y ambiciones sociales, disfrutarán compartiendo placeres y diversiones y, en este sentido, no tendrán ningún problema.

En el terreno amoroso pueden sentirse satisfechos, ya que los dos son fogosos y se darán por entero el uno al otro, sin poner trabas de ningún tipo.

Para que esta relación vaya bien en todos los terrenos, deben ponerse de acuerdo y repartirse las áreas sobre las que deben ejercer cada uno su autoridad y no invadir el terreno del otro, en este sentido.

LEO - VIRGO

Es esta una relación incompatible, pues el Fuego de Leo chocará con la Tierra de Virgo.

Leo y Virgo tienen una mentalidad bastante diferente. Por un lado, las miras amplias, el gusto por el lujo y la ostentación (Leo); y por el otro, el análisis, lo concreto y el sentido práctico (Virgo).

En esta unión se suele dar una situación en la cual Leo tenderá a dominar a Virgo, el cual se pondrá a su servicio, sobre todo si Leo es hombre y Virgo mujer.

En la relación amorosa, Virgo estará siempre pensando y analizando cada situación, mientras que Leo pasará por alto los pequeños detalles y se frustrará con, según él, la manía de Virgo de prepararlo todo perfectamente antes de llegar a cualquier acto.

La relación puede prosperar y ser armónica si ambas partes ponen de su parte y son tolerantes. Virgo tendrá que ampliar sus horizontes, y Leo debe darse cuenta de que Virgo hace lo posible para que la unión prospere, de ahí la manía de que todo salga a la perfección.

LEO - LIBRA

Una relación armónica, ya que los dos son signos que aman la belleza, el placer de la vida y el arte.

En el amor disfrutarán el uno del otro, de una forma auténtica, ya que Libra es amoroso y romántico y busca relaciones estables, y Leo ama con el corazón y busca también estabilidad y fidelidad en la persona amada. La relación será ideal si Leo es el hombre y Libra la mujer.

Pueden, sin embargo, surgir algunos conflictos si Leo se muestra demasiado rudo e irritable, cosa que molestará al armónico y apacible Libra.

Para que la relación alcance un estado ideal, Leo debe dejar de mostrarse tan rudo y menos autoritario y dominante con Libra, y Libra debe aprender a apaciguar con arte los ánimos de un Leo fuera de sí y comprender que ese comportamiento es pasajero y que pronto no quedará de él ningún recuerdo.

LEO - ESCORPIO

Aunque los dos son signos fijos, tienen intereses muy diferentes. Leo es franco, abierto y se expresa sin ningún tapujo. Al igual que el Sol, su regente, necesita irradiar calor, luz y energía. Escorpio no se entrega tan fácilmente, es más cerrado e insondable. Los dos atraen poderosamente al sexo opuesto, pero mientras uno (Leo) atrae por su franqueza, sus valores y su calor espiritual, el otro (Escorpio) lo hace por sus profundos sentimientos y su carácter misterioso.

A esta relación le falta flexibilidad y adaptación, y, como ninguno de los dos dará su brazo a torcer y los dos son dominantes, la convivencia se hará complicada.

A Leo le costará entender la tendencia al drama y a la discordia que tiene Escorpio, y Escorpio no entenderá muy bien que a Leo se le pasen tan pronto las ofensas y las perdone con igual celeridad, más bien creerá que está fingiendo.

Para que haya armonía entre los dos signos deben hacer un esfuerzo de adaptación y flexibilidad importante, que solo llegará cuando los dos persigan otros objetivos que no sean solo materiales, sino también espirituales. A su favor tienen que, al ser los dos signos fijos, llevan bastante mal lo de la separación y harán lo que sea para seguir con la persona amada.

LEO - SAGITARIO

Esta unión puede resultar excelente, ya que a los dos les gusta disfrutar de la vida y son optimistas, entusiastas y generosos.

Es una relación que sobresaldrá por su espontaneidad, sinceridad y comunicación. Los dos son idealistas y basarán la convivencia en agradarse mutuamente y también a los demás. Son altruistas y generosos y no les importan tanto los objetos materiales, sino más bien las personas y los ideales.

Un punto de fricción que deben superar será, sin embargo, un comportamiento dominante, por parte de Leo, y un exceso de independencia por parte de Sagitario.

Ninguno de los dos es rencoroso, por lo que, si tienen alguna discusión, pronto se les pasará el enfado y lo superarán con alegría y humor.

LEO - CAPRICORNIO

La relación entre estos dos signos no produce, en principio, resultados armónicos. Los dos conciben la vida de manera distinta. Leo es exuberante, optimista, alegre, le atraen los placeres y las diversiones. Capricornio, por el contrario, es pesimista, introvertido, reflexivo y materialista.

Leo necesita constantes reconocimientos des sus logros y conquistas, por pequeñas que estas sean, y no será Capricornio quien le levante el ánimo en este sentido.

Por todo lo dicho, es una relación que se torna difícil, pero puede haber armonía si se hace un gran esfuerzo de comprensión y respeto por entender el carácter del otro, cosa a lo que la Astrología puede ayudar bastante.

LEO - ACUARIO

Una relación armónica que, en principio, no tiene por qué ir mal. Leo ama a la persona, al individuo, y Acuario, a la Humanidad. En la rueda astrológica se encuentran en oposición, lo que significa que lo que a uno le falta lo tiene el otro.

Así, Leo puede aportar a Acuario sus dotes artísticas y su capacidad para la enseñanza, y Acuario, su visión intelectual y amistosa de la vida. Además, los dos signos son idealistas, leales, francos, directos y solidarios.

Quizá lo que puede echar para atrás a Leo sea el excesivo sentido de la amistad que tiene Acuario, pues este puede llenarle la casa de amigos cada dos por tres, cosa que Leo no soportará, pues es más amigo de la intimidad. Y Acuario no llevará bien el exceso de autoritarismo de Leo. Por lo que los dos harían bien en comprender al otro y hacer un esfuerzo de tolerancia y adaptabilidad, atendiendo más a los gustos y preferencias de su pareja para no hacerle daño.

Por lo demás, puede haber perfecta armonía y entre los dos establecer un vínculo duradero, ya que, al ser signos fijos, llevan mal las relaciones pasajeras y buscan una relación estable.

LEO - PISCIS

Es una relación que puede resultar un poco difícil debido a la incompatibilidad del Fuego con el Agua. Ya sabemos que el Agua apaga al Fuego. Y esto es lo que termina ocurriendo cuando estos dos signos se unen.

Piscis es un signo dirigido principalmente por los sentimientos. Por lo que se mostrará inestable, inseguro, hipersensible, impresionable. Guiado por los sentimientos, muchas veces ni él mismo sabrá por qué se comporta de una u otra manera.

Leo intentará protegerlo, ayudarlo, consolarlo, pero pronto se dará cuenta de que no consigue nada, pues, cuando lo haya conseguido, se inventará otro problema y vuelta a empezar. El torbellino sentimental de Piscis desmoralizará a Leo y apagará su Fuego amoroso y conciliador cada dos por tres.

Es posible que un Leo materialista y sin aspiraciones religiosas también se sienta desplazado por un Piscis místico y espiritual, y este último tenga que buscar consuelo y comprensión en otras personas que compartan sus ideales y creencias espirituales, lo que puede alejarlo de su pareja, al no tener con ella mucho que compartir sobre sus aspiraciones y preferencias.

Al ser Piscis un signo abnegado, servicial y que gusta de la soledad chocará también con el carácter de Leo cuya necesidad le lleva a querer ser el centro de las relaciones sociales y que buscará la vida en sociedad siempre que le sea posible.

Una relación armónica será posible si el amor de ambos es sincero, ya que entonces buscarán la felicidad de su pareja y harán lo posible por entender sus necesidades.

SALUD

Leo rige el corazón, la columna vertebral, la región dorsal, la aorta y la circulación sanguínea. Por tanto, las aflicciones o malos aspectos de los planetas sobre este signo pueden llegar a producir las distintas dolencias que afectan a estas zonas del cuerpo:

Taquicardias, palpitaciones, aneurismas, infartos, fiebres, meningitis de la columna vertebral, desmayos, desviaciones de columna, anemia, angina de pecho, problemas de circulación de la sangre, etc.

Deberá tener especial cuidado con estas zonas de su cuerpo y prestarles más atención de lo normal, y no abusar sobrecargándolas o sobreexcitándolas.

Cuando se producen malos aspectos sobre Leo da lugar a todos los problemas relacionados con una mala administración de la energía solar, planeta que rige el signo. Si quiere evitarlos, debe tener especial cuidado y tomar conciencia de cómo está trabajando dicha energía. Por ejemplo, la mala administración de esta energía se traduce por comportarse con los demás con los peores defectos del signo: orgullo, irritabilidad, tiranía, vanidad... y, sobre todo, soberbia. Si quiere recuperar la salud, debe evitar al máximo este tipo de comportamientos.

TRABAJO

Leo necesita desplegar toda la energía del Sol a su alrededor. Así que, se sentirá bien en todas las profesiones relacionados con la generosidad, el optimismo, el liderazgo. En general, allí donde pueda desarrollar, de una manera completa, su talento creativo y de liderazgo.

Por tanto, le irán como anillo al dedo los trabajos de profesor, actor, ejecutivo, empresario, jefe de cualquier empresa o departamento, etc.

Todos aquellos trabajos en los cuales pueda desplegar su creatividad y sentirse importante le harán sumamente feliz, ya que se sentirá útil y, al mismo tiempo, disfrutará al máximo con lo que hace.

PERSONAS CÉLEBRES
NACIDAS EN LEO

- Alfred Hitchcock, 13-08-1899: cineasta
- Ana Botella, 23-07-1953: abogada y política española
- Antonio Banderas, 10-08-1960: actor
- Arnold Schwarzenegger, 30-07-1947: actor
- Barack Obama, 04-08-1961: político, presidente de los EE. UU.
- Bill Clinton, 19-08-1946: político, ex-presidente del Gobierno de los EE. UU.
- David Etxebarria, 23-07-1973: ciclista español
- Dustin Hoffman, 08-08-1937: actor
- Fidel Castro; 13-08-1927: político
- José Luis Rodríguez Zapatero, 04-08-1960: político, ex-presidente del Gobierno de España
- Madame Blavatsky, 30-07-1831: Fundadora de la Sociedad Teosófica
- Madonna, 16-08-1958: actriz y cantante
- Max Heindel, 23-07-1865: Fundador de la Fraternidad Rosacruz
- Melanie Griffith, 09-08-1957: actriz
- Mick Jagger, 26-07-1943: cantante
- Neil Armstrong, 05-08-1930: astronauta
- Nino Bravo, 03-08-1944: cantante
- Whitney Houston, 09-08-1963: actriz y cantante

Virgo

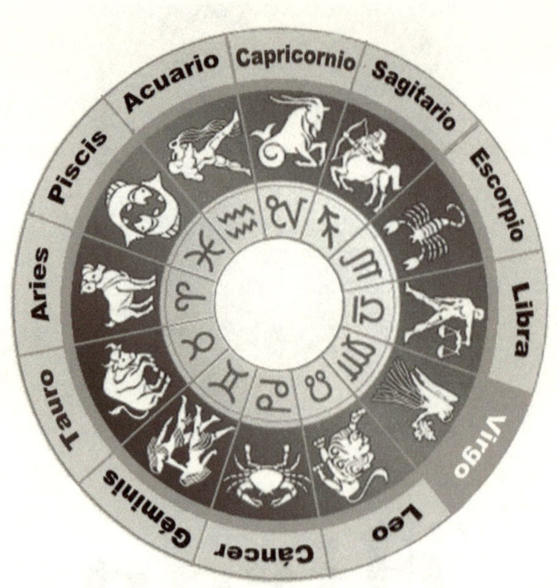

VIRGO

23 de agosto al 23 de septiembre

Desapego de lo material

Elemento: Tierra

Símbolo: ♍

Color: Marrón, multicolor

Planeta regente: Mercurio

Gemas: Jaspe rosado, jacinto

Metal: Mercurio

Día de la semana: Miércoles

Números de la suerte: 5 y 6

SÍMBOLOS DE VIRGO Y MERCURIO

♍ ☿

El símbolo de Virgo es la «m» (♍), representativa de la muerte. Y Virgo, por estar al final del ciclo de Tierra, representa el final de una fase evolutiva, la fase última, la de Tierra. Está asociado al tiempo de la cosecha. El ciclo vegetal llega a su fin y una Tierra nueva, virgen, espera a recibir la próxima semilla. Por eso se representa mediante una mujer joven o virgen alada que lleva una espiga. En Astrología cabalística Virgo es el signo que ha llegado al final de un ciclo evolutivo, el que va de Aries a Virgo contando por elementos en este orden: Fuego, Agua, Aire y Tierra. Por eso se dice que quien nace en Virgo viene a desprenderse de todo lo que ha ido adquiriendo en las anteriores encarnaciones, pues en su próxima reencarnación ha de empezar un nuevo ciclo a partir de Aries y debe ir limpio de equipaje.

En Mercurio, su planeta regente, vemos el semicírculo sobre el círculo y la cruz ☿. El círculo en medio (el espíritu) puede dirigirse hacia la materia (la cruz) o hacia el desarrollo del alma (el semicírculo). Mercurio simboliza en un horóscopo la razón, la inteligencia, la comunicación, la exteriorización del pensamiento. Actúa como un foco para frenar la naturaleza inferior y elevarnos de nuestro estado humano al divino.

PERSONALIDAD

Virgo da un carácter serio, concienzudo, analítico, reservado, modesto, metódico y ordenado.

En los trabajos difíciles Virgo se comporta como si todo le resultara fácil, pues es flexible y buen organizador. Le importa más hacer muy bien su trabajo que recibir elogios, por lo que suele ser modesto.

Es de naturaleza inquisitiva y siempre está buscando la manera de mejorar social y económicamente. Es versátil, ingenioso y estudioso, amigo del trabajo, del estudio y de la ciencia.

En la rueda astrológica se sitúa en la casa VI, que tiene relación con el trabajo, los servicios, los animales domésticos y la salud y la enfermedad. Por tanto, estos temas tendrán un alto interés en su vida.

Así, pues, es fácil verle inmiscuido en trabajos que tengan que ver con el servicio, en algunos casos incluso de forma altruista, sin esperar nada a cambio, ya que su predisposición natural es la de servir y ayudar al prójimo. En algunas ocasiones llega hasta el punto de anteponer las necesidades ajenas a las propias, aunque no lo requiera la situación.

También ama a los animales, principalmente a los domésticos, por lo que será fácil verlo en algún momento de su vida cuidando a alguno de ellos. Muchos Virgo suelen emplearse en albergues o asociaciones de ayuda a los animales, ya que les encanta estar junto a ellos y cuidarlos.

La salud y la enfermedad, como hemos dicho anteriormente, también suele ocupar una parte importante en su vida. En este sentido, pueden acudir a hospitales o centros de salud para ayudar, tanto física como moralmente, a los enfermos.

Es posible también que, debido a su predisposición al análisis de todas las cosas, se preocupe excesivamente por su propia salud y dé demasiada importancia a pequeñas molestias que no significan nada. Incluso puede llegar a obsesionarse con la salud y tornarse algo hipocondriaco. Aunque esto no quita para que, en algunas ocasiones, las enfermedades sean reales.

Como tiene una gran perspicacia, suele ver y comprender cosas que a otros ni siquiera se les pasa por la imaginación, aunque esto hace que se preocupe excesivamente por algo que en realidad no tienen la importancia que le otorga.

Su mente inquisitiva le ayuda para analizar toda clase de problemas y para investigar concienzudamente cualquier cosa que se proponga. Nunca se quedará en la superficie, sino que irá hasta el fondo del objeto investigado o analizado. De aquí que muchos Virgo sean excelentes y brillantes científicos.

La mayoría de las veces le encontraremos en puestos de trabajo que sean modestos y no requiera responsabilidad de mando, ya que se encontrará mas a gusto realizando su labor en segundo plano, donde no tenga que ejercer tareas de jefe ni de persona destacada, sino más bien de empleado.

CUALIDADES A DESARROLLAR

Analítica.
Discernimiento.
Modestia.
Espíritu práctico.
Adaptabilidad.
Ciencia.
Investigación.
Trabajador.
Metódico.
Humanidad.

DEFECTOS A SUPERAR

Timidez.
Crítica negativa.
Melancolía.
Egoísmo.
Materialismo.
Tacañería.
Apego.
Pedantería.
Descuido.
Mezquindad.

AMOR Y COMPATIBILIDAD

En general, Virgo es poco dado al romanticismo y a la sensualidad. Es de carácter más bien frío, reservado y no suele exteriorizar bien sus emociones. Le parecerá incluso ridículo manifestar su afecto calurosamente.

Ante el sexo opuesto se muestra más bien tímido y esperará a estar muy seguro, antes de dar los primeros pasos, aunque, la mayoría de las veces, esperará a que sea la otra persona quien lo dé.

De hecho, tiene serias dificultades para enamorarse, ya que cuesta mucho trabajo conmover su corazón, pero cuando lo hace, se comprometen fielmente con la persona amada, de la cual espera la misma fidelidad.

Generalmente son partidarios del matrimonio, pero para comprometerse con alguien en este aspecto, antes tienen que estar seguros de que tienen resuelta la situación económica.

Una vez que se compromete con alguien para compartir su vida, debe tener cuidado con el exceso de crítica negativa, ya que este defecto podría minar la relación de pareja y traer discusiones innecesarias.

No se puede esperar de ellos que expresen su amor cariñosamente en su vida en pareja, pero esto lo suplirán actuando con sus mejores intenciones, estando presentes y ayudando moralmente cuando sobreviene alguna crisis, o mediante los cuidados que pueda proporcionar a su pareja cuando esté enferma o lo necesite realmente. Su manera de expresar el amor que siente se basará principalmente en hechos y no en caricias, expresiones o sentimentalismos que para él significan muy poco.

Es especialmente compatible con los signos de Agua (Cáncer, Escorpio y Piscis), y con los de Tierra (Tauro y Capricornio).

Es incompatible con los signos de Fuego (Aries, Leo y Sagitario) y con los de Aire (Libra, Acuario y Géminis).

VIRGO - VIRGO

Estos dos nativos, al ser idénticos, tienen las mismas ilusiones, deseos y aficiones. Por lo tanto, se apoyarán mutuamente y se entenderán a la perfección. Pero la convivencia puede resultar un tanto monótona si no hay otros aspectos que la hagan un poco distinta.

Por tanto, tendrían que buscar nuevos estímulos, como, por ejemplo, relacionarse con personas o amistades de otros signos de Agua o Tierra compatibles con Virgo , para hacer un poco más alegre, divertida y animosa la existenúa. Si no lo hacen, puede llegar a ser una relación sentimentalmente demasiado fría y monótona.

VIRGO - LIBRA

Signos incompatibles al pertenecer a elementos Aire-Tierra, o lo que es lo mismo, sentimientos-práctica material.

Virgo se siente especialmente atraído por la belleza natural de Libra, que posee una naturaleza alegre, simpática, sociable y llena de encanto romántico. Todo lo que a él le falta y desea conseguir para sentirse complementado.

Es posible que Libra deslumbre a Virgo, diciéndole cosas bellas y dándole la importancia que él no se da. Quizá sea gentil con él sin darse cuenta que Virgo se toma todo lo que le dice al pie de la letra y ve, más allá de sus palabras, una intención manifiesta de que le atrae como pareja. Pero Libra tal vez le haya dicho lo mismo a muchas otras personas, pues es su manera habitual de relacionarse.

Esto puede hacer que Virgo se haga ilusiones al principio, hasta que se dé cuenta de que Libra actúa, según su punto de vista, de manera superficial, inestable, voluble, infiel, adulador.

Si se forma, no obstante, la pareja, Virgo, tendrá dos opciones: aceptar la inestabilidad de Libra y vivir una vida agradable y pacífica o desaprobarla y seguir como estaba antes de la unión.

Si la pareja finalmente llega a formarse, para que la relación sea duradera, Libra debe adoptar una concepción más realista y práctica de la vida, y Virgo debe dejar de criticar a su pareja.

VIRGO - ESCORPIO

Existe entre estos dos signos una fantástica comprensión mutua. Los dos aman el trabajo realizado de manera científica, seria y perfeccionista. Los dos llevan sus investigaciones analíticas hasta el máximo en cualquier terreno.

Sin embargo, en el terreno amoroso y sexual chocarán de manera frontal, ya que las exigencia demandadas por Escorpio no serán correspondidas por Virgo. En efecto, Virgo rechazará las constantes muestras de cariño y sensuales de Escorpio y se mostrará más frío y distante; y Escorpio no entenderá que sus exigencias pasionales no sean correspondidas por su pareja, que, a veces, puede incluso parecerle un auténtico mojigato.

Conseguirán llevarse más o menos bien si se respetan mutuamente y no basan su relación tan solo en el terreno sensual o material. Un objetivo intelectual o espiritual común puede completar la armonía que ya tienen en otros muchos aspectos.

VIRGO - SAGITARIO

Esta relación agradará en principio a Virgo, ya que puede encontrar en su pareja aquello que a él le falta: ese entusiasmo por la vida y la alegría y felicidad, que traerán a su existencia un jarro de agua fresca para ayudarle a salir de la rutina de un mundo volcado en la materia y en el excesivo análisis de la realidad en el que se ve metido en su vida cotidiana.

Pero muy pronto habrá un choque de intereses, pues a su pareja, Sagitario, le gusta el riesgo, la aventura y vive despreocupado de los gastos y tareas de planificación, prudencia y cálculo que tanto interesan a Virgo. Tampoco llevará bien su carácter apocado y tímido, que, incluso, le puede parecer incomprensible.

En las ideas chocarán también, pues Sagitario es más idealista y espiritual, no le importa tanto la meticulosidad sino el mensaje de fondo. En cambio, Virgo se meterá en estudios y análisis interminables, que, a veces, harán imposible entender cuál es el mensaje que quiere explicar.

En el amor, Sagitario es más fogoso que Virgo, pues este último es capaz de soportar más tiempo sin muestras de cariño. Se muestra más frío y distante. Sagitario, en cambio, necesita más el contacto sentimental.

A todas luces es una relación que parecería, en principio, imposible. Sin embargo, puede llegar a cuajar si otros elementos del horóscopo resultan más favorables. Por ejemplo, el ascendente.

También resultará favorable que la pareja persiga un objetivo común, que Virgo entienda la independencia de Sagitario y le permita vivir una vida más libre, aunque él no le acompañe; y que Sagitario guarde hacia su compañero un amor y un respeto por su forma de ser, aunque no llegue a comprenderla.

VIRGO - CAPRICORNIO

Entre estos dos signos existe bastante armonía, lo que hará que se pueda construir una relación sólida y duradera. El equilibrio que cada uno le aporta al otro contribuirá al bienestar y a la felicidad de ambos.

Virgo no busca en el matrimonio o la relación de pareja unos lazos basados en la pasión o en la sensualidad, sino que desea alcanzar una estabilidad y una seguridad. En definitiva, una unión basada en el amor, la fidelidad y respeto mutuo, lo que, con todas seguridad encontrará en Capricornio.

La seriedad, compromiso y fidelidad de Capricornio buscan que su pareja respete estas normas básicas de convivencia, pues se encontrará mucho mejor y será mucho más feliz si hay comprensión en la relación cotidiana: seguridad, economía familiar, trabajo y seriedad ante la vida y los demás. Virgo encontrará en su pareja todas estas cosas.

Es difícil que se produzca algún tipo de desacuerdo entre estos dos nativos. Aunque podría producirse si Capricornio cede ante las pequeñas crisis melancólicas, y Virgo, siempre dispuesto a apoyarle moralmente con su raciocinio natural, deje de hacerlo o no encuentre la manera.

VIRGO - ACUARIO

Virgo, signo regido por Mercurio, el planeta de la razón, puede tener alguna sintonía con el intelectual y cerebral Acuario. No obstante, ambos pertenecen a elementos incompatibles, como son el Aire y la Tierra.

Virgo razona y analiza todo con detalle, característica esta del científico, cuya relación con Acuario es evidente. En este sentido, su colaboración intelectual resultará útil en cualquier trabajo o problema en común, ya que a ambos les gusta llegar al fondo de las cosas.

También encontrarán afinidad entre sus preocupaciones de carácter social: Virgo se interesará por el problema de los animales, los pobres y los trabajadores; Acuario por las obras sociales.

Las relaciones sentimentales pueden no ser lo que busca cada uno, pues los dos se mostrarán fríos y cerebrales, lo que no ayudará en nada a una relación placentera. Además, a Virgo le gustará retener a su pareja en casa más tiempo, cosa que a duras penas conseguirá, pues la mayoría de las veces estará con sus amistades o realizando alguna actividad de tipo social.

Puede ser una relación duradera, aunque deben respetarse su independencia.

PISCIS - VIRGO

En la rueda zodiacal son signos opuestos, aunque, debido a esto, también son complementarios, pues un Virgo puede adoptar algunas cualidades piscianas y viceversa.

Virgo es un signo concreto, racional, ordenado y práctico. Piscis, en cambio, es sentimental, bohemio y desordenado. No obstante, los dos son abnegados, sacrificados y tienen afán de servicio y ayuda al prójimo. Por tanto, aquí pueden encontrar cierta armonía.

Es posible que la frialdad de Virgo en los asuntos sentimentales no sea muy bien entendida por Piscis, más necesitado de cariño y de demostraciones sentimentales.

Como son Agua y Tierra, hay bastante armonía y comprensión, pues Piscis aportará a Virgo la dosis sentimental que necesita; y Virgo aportará a Piscis su sentido práctico y racional.

SALUD

Virgo rige los intestinos, la región abdominal, el bazo, el sistema nervioso simpático, el duodeno, el peritoneo y los lóbulos inferiores del hígado. Por tanto, las aflicciones o malos aspectos de los planetas sobre este signo pueden llegar a producir las distintas dolencias que afectan a estas zonas del cuerpo:

Enteritis, fermentación, flatulencias, aerofagia, infección microbiana, peritonitis, diarreas, tenia, desnutrición, cólicos, estreñimiento, úlcera duodenal, cólicos hepáticos, etc.

Así que, deberá tener especial cuidado con estas zonas de su cuerpo y prestarles más atención de lo normal, y no abusar sobrecargándolas o sobreexcitándolas.

Cuando se producen malos aspectos sobre Virgo da lugar a todos los problemas relacionados con una mala administración de la energía del signo y el planeta Mercurio. Si quiere evitarlos, debe tener especial cuidado y tomar conciencia de cómo está trabajando dicha energía. Por ejemplo, la mala administración de esta energía se traduce por comportarse con los demás con los peores defectos del signo. La intoxicación mental de los demás a través de la crítica negativa, puede traducirse por una intoxicación intestinal. O la tacañería, podría derivar en estreñimiento.

TRABAJO

Virgo necesita trabajar en todas aquellas profesiones en las que pueda desarrollar su potencial mental, de análisis y discernimiento. También en el área de servicios por su vinculación con la casa VI en la rueda astrológica.

Así pues, le irán bien los empleos de escritor, editor, librero, periodista, lingüistas y todo lo relacionado con la actividad mental.

También podrá trabajar en aquellos empleos que requieran un análisis o una mezcla de elementos. Por ejemplo, de químico, físico, matemático, contable, médico, cocinero, etc.

En el área de servicios: camarero, peluquero, servicio doméstico, jardinero, etc.

PERSONAS CÉLEBRES
NACIDAS EN VIRGO

- Beyonce, 04-09-1981: cantante, compositora y actriz
- Carmen Laforet, 06-09-1921: escritora
- Claudia Schiffer, 25-08-1970: modelo
- David Trueba, 10-09-1969: realizador y guionista
- Fernando Fernán Gómez, 28-08-1921: escritor, actor y director de cine y teatro
- Gloria Estefan, 01-09-1957: cantante
- Javier Tusell, 26-08-1945: historiador
- Jorge Luis Borges, 24-08-1899: escritor
- Julio Cortázar, 26-08-1914: escritor
- Karlos Arguiñano, 06-09-1948: cocinero
- Mario Conde, 14-09-1948: exbanquero
- Michael Jackson, 29-08-1958: cantante
- Pablo Carbonell, 28-08-1962: humorista
- Richard Gere, 31-08-1949: actor
- Richard J. Roberts, 06-09-1943: químico, Premio Nobel de Medicina en 1993
- Shaila Dúrcal, 28-08-1979: cantante
- Teresa de Calcuta, 26-08-1910: monja católica
- Thomas Arthur Steitz, 23-08-1940: biofísico y biquímico molecular. Premio Nobel de Química en 2009

Libra

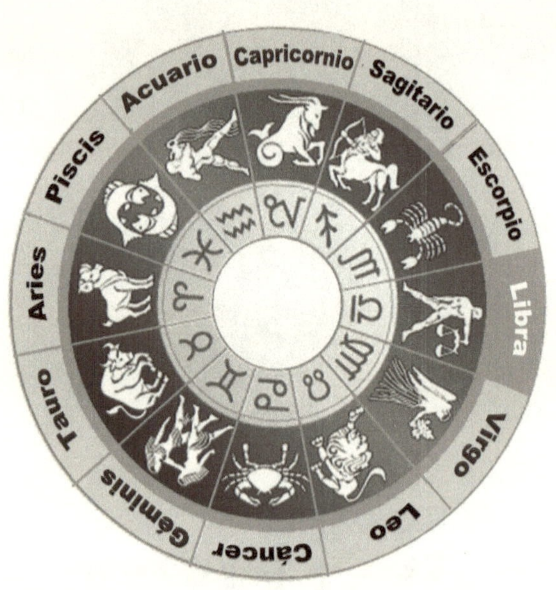

♎

LIBRA

24 de septiembre al 23 de octubre

Puerta abierta a la lógica y la razón

Elemento: Aire

Símbolo: ♎

Color: Rosa, amarillo

Planeta regente: Venus

Gemas: Cuarzo y ópalo

Metal: Bronce

Día de la semana: Viernes

Números de la suerte: 6 y 7

SÍMBOLOS DE LIBRA Y VENUS

$$\underline{\Omega} \quad ♀$$

Libra está representado por la balanza con su astil y dos platillos: $\underline{\Omega}$. Simboliza la medida, el equilibrio entre dos polos, la armonía. Indica la equidad universal y el espíritu de justicia.

En Venus tenemos lo contrario que en el símbolo de Marte: el círculo sobre la cruz: ♀; o sea, el espíritu (el círculo) sobre la materia (la cruz). Lo que nos indica la superioridad de lo espiritual sobre lo material. Por eso Venus es el planeta del amor, de la paz, de la armonía, de la belleza, del arte.

PERSONALIDAD

Es el primer signo de Aire, por lo que corresponde a la plantación del contenido mental. Los libra son buscadores del equilibrio, la unión y la paz; son justos y suelen proceder con equidad. Deben superar las dudas, las indecisiones y el desequilibrio que a veces les asalta. Debido a su relación con el planeta Venus (llamado como la antigua diosa romana de la belleza y el amor), los libra tienden a ser románticos y anhelan relacionarse.

Como Libra se sitúa en la casa 7 del horóscopo, que simboliza el matrimonio y las uniones de todo tipo, tiene una fuerte tendencia a la estabilidad conyugal y al matrimonio, así como a las uniones empresariales y de todo tipo. Están dispuestos a hacer cualquier cosa para mantener el bienestar de los que componen el núcleo familiar.

Se adaptan bastante bien a las circunstancias y al cambio en general.

Tiene un alto grado de dulzura, bondad y altruismo, y la equidad y la justicia prevalecen por encima de cualquier otra consideración. Por eso muchas veces se le puede ver participando en reuniones y en acontecimientos de carácter social, donde haya que tomar decisiones importantes sobre temas difíciles de resolver o apaciguar ánimos encrespados.

Por encima de todo buscan la armonía y la paz. No soporta la violencia, lo que les lleva a calmar los conflictos que puedan darse entre las personas de su entorno, pues en ello son verdaderos especialistas. El mayor ejemplo de lo que pueden llegar a hacer en este sentido lo tenemos en Mahatma Gandhi, político y líder religioso hindú, que consiguió la independencia de la India con su conocido movimiento de resistencia pasiva, que consistía en no utilizar la violencia contra el ejército británico pero sí protestar por lo que consideraba injusto.

Suele mostrarse ante los demás con elegancia y modales más bien cultos y equilibrados. Su expresión suele ser bondadosa. Su regente, Venus, le empuja a buscar la belleza y el arte en todo lo que emprende. Así puede inclinarse hacia actividades como la pintura, la música, la poesía, etc.

Su búsqueda de la armonía y de la equidad, puede llevarle muchas veces a impartir justicia. En este sentido, negará toda aquella crítica gratuita hacia los demás y todo chismorreo que tenga por costumbre hablar mal de los demás. La mayoría de las veces, al entrar en una conversación con alguien cuyo único objetivo sea criticar los defectos, cambiará de conversación o sencillamente no escuchará. Tal vez, en alguna ocasión incluso llegue a defender al criticado si nota que lo que se dice de él es injusto.

El nativo de Libra, al igual que Acuario y Géminis, trabaja con el elemento Aire, que tiene que ver con la lógica y la razón. Es el primer signo de Aire, por lo que quizá todavía no se sienta muy seguro trabajando en él. Pero intuye y sabe que tiene que poner orden allí donde la exaltación sentimental o pasional de los signos de Agua pueden llegar a crear conflictos innecesarios. Es por eso por lo que muchas veces se reclama su presencia para trabajos de responsabilidad en la administración de empresas, pues a no ser que aspectos negativos confluyan en su horóscopo, serán conocidos por su honestidad y honradez.

Su principal trabajo en esta vida consiste en aportar a la sociedad que le rodea un poco de belleza, paz, amor y equilibrio.

CUALIDADES A DESARROLLAR

Pacifismo.
Armonía.
Equilibrio.
Sociabilidad.
Prudencia.
Diplomacia.
Cooperación.
Persuasión.
Cualidades artísticas.
Justicia.

DEFECTOS A SUPERAR

Inconstancia.
Desarmonía.
Duda.
Indecisión.
Apatía.
Intriga.
Paz a cualquier precio.
Quejas.
Imprudencia.
Injusticia.

AMOR Y COMPATIBILIDAD

En el amor el nativo de Libra suele destacar por su encanto natural, sus buenos modales, su armonía y belleza, su gran sociabilidad, su alegría y su deseo de agradar a la pareja.

Ya hemos dicho que no soporta los conflictos, y en la unión de pareja no será menos, aquí huirá de todo aquello que pueda perjudicarle y atacar su sentido estético y de armonía. Se acercará más bien a aquellos que se muestren pacíficos y tengan un sentido del amor y la justicia semejante al suyo.

Tiene un tremendo poder de seducción y sus gustos son elegantes y refinados, nada vulgares, lo que manifiesta en su modo de vestir y en su cuidado aspecto físico.

También aprecia mucho el buen gusto de los demás, sobre todo de quien elige para compartir su vida sentimental. No importa en este caso si se es hombre o mujer. La mujer apreciará y estará al corriente de la moda masculina y viceversa: el marido podrá apreciar y estar al día de la moda femenina y conversar a este respecto sin ningún problema.

No soporta muy bien lo feo ni lo deforme, le gusta rodearse más bien de gente guapa y vital. Huye de los ambientes desagradables y ruidosos, donde lo feo y lo cutre se vislumbra por doquier. Prefiere más bien los sitios tranquilos y llenos de armonía y belleza, pues aquí se sentirá como en casa y disfrutará contemplando el ambiente.

En lo referente al amor de pareja y en las relaciones sentimentales, no se muestra pasional ni de maneras bruscas, sino más bien tranquilo, armonioso, fiel, delicado, disfrutando plenamente de cada momento. El matrimonio y la pareja son una de las cosas más importantes en su vida.

Esta exigencia de búsqueda de la pareja idealmente bella exigida por su planeta regente Venus, puede hacer difícil, en algunos

Libra demasiado exigentes, encontrar pareja, ya que se pasan la vida rechazando a todo «perro gato» que se interesa por él o por ella.

Por todo lo dicho, la relación con un nativo de Libra puede ser muy placentera, pertenezca a uno u otro sexo, pues la atmósfera de alegría, belleza y armonía que le rodea hará que se viva una vida feliz y placentera.

LIBRA - LIBRA

Es una relación que puede resultar agradable, pues los dos poseen un carácter alegre, despreocupado y sociable.

Sus principales puntos en común lo encontrarán en la vida en sociedad y los placeres y diversiones, principalmente compartirán el gusto exquisito por la belleza y el arte.

Se sentirán bastante a gusto disfrutando mutuamente de su compañía y el afecto que se sienten les impedirá prescindir el uno del otro.

Pero será, no obstante, una unión de tipo asociativo, que se guiará por la razón y la lógica antes que por los sentimientos.

LIBRA - ESCORPIO

En principio, son incompatibles, aunque estén regidos respectivamente por Marte y Venus, planetas compatibles en el terreno amoroso. Es verdad que Libra puede sentirse halagado por las constantes declaraciones de amor que Escorpio puede hacerle, pero con el tiempo descubrirá que no soporta su intensidad pasional y tratará de librarse de él. Eso sí, intentará hacerlo de manera pacífica, sin grandes dramatismos.

La relación podrá alcanzar una cierta armonía si Escorpio eleva su vibración y domina sus excesos pasionales para dar lugar a un ambiente de respeto y tolerancia por la libertad de su pareja.

Libra puede contribuir a dicha armonía si aprecia la intensidad amorosa de Escorpio y le garantiza fidelidad creando un clima de confianza entre los dos.

LIBRA - SAGITARIO

Puede resultar una relación armónica, ya que Fuego y Aire se complementan bien.

Los dos signos se sentirán atraídos de forma inmediata, es decir, se caerán bien a primera vista.

A libra le cautivará el carácter franco, abierto y optimista de Sagitario. Le encantará su buen humor y su forma de ser comunicativa y sociable.

Por su parte, Sagitario estará encantado de encontrar un compañero que le entienda tan bien y comparta sus gustos y aficiones de forma tan clara.

En el amor, también puede haber flechazo a primera vista y pueden llegar a vivir momentos inolvidables. Aquí Libra, que parece un signo más racional, caerá en los brazos sagitarianos dejando a un lado la razón.

En resumen, una relación ideal si, además, comparten aficiones, ideas y valores.

LIBRA - CAPRICORNIO

La estabilidad, seguridad y seriedad que son características de Capricornio entran en disonancia con el carácter voluble e inestable de Libra. Aunque es posible que, en algunas ocasiones,

Libra se sienta atraído por la certeza de seguridad y estabilidad en el porvenir que le ofrece Capricornio.

También podríamos encontrar casos en los que quizá Capricornio, habiendo caído en la melancolía y depresión que a veces le provocan ciertos hechos o relaciones en la vida, crea encontrar, en la alegre, bella y complaciente Libra, a la persona ideal que necesita como pareja.

Sin embargo, aunque la pareja llegue a unirse, tarde o temprano surgirán desavenencias que será preciso subsanar.

Libra descubrirá que Capricornio, a pesar de ser una persona seria, honesta, concienzuda y fiel, le parecerá fría y distante, poca demostrativa de ternura y calor humano. Y no se sentirá satisfecho, pues necesita la admiración, el amor y cariño de su pareja, cosa que no sabrá darle Capricornio.

Capricornio, por su parte, no comprenderá el carácter sentimental de su pareja, a pesar de parecerle tan serio y razonable, y lo verá como una persona demasiado infantil. Tampoco entenderá muy bien su alegría, cosa que a veces le parecerá ridícula, ni verá muy bien su espontánea simpatía hacia los demás.

Todas estas diferencias de entender la relación de pareja entre ambos signos pueden llegar a armonizarse si buscan una salida que satisfaga a ambos. Por ejemplo, entender el carácter de la pareja para comportarse un poco más de acuerdo con su forma de ser, ayudará a ambos. Capricornio podría hacer un esfuerzo por comportarse menos frío y serio con su pareja; y Libra ser menos voluble y sentimental, preguntando a su pareja cuáles de sus actitudes le parecen más infantiles para comportarse lo menos posible de esa manera.

LIBRA - ACUARIO

Una combinación excelente, ya que resultan ser dos signos positivos de Aire.

Libra sentirá especial atracción por Acuario, debido a su originalidad, imprevisión y futurismo, que llamará poderosamente su atención. Y Acuario será seducido por la atracción natural y la belleza y armonía de Libra.

Pero lo que unirá más que nada a estos dos signos será su relación de amistad y sus aficiones comunes, como un mismo interés por lo curioso, lo nuevo, la tecnología y todas aquellas cosas que se salgan de lo común y ordinario.

Les gusta vivir en pareja pero manteniendo ambos su propia parcela de libertad.

Los dos son sociables y aman lo que está más allá del orden cotidiano. Sin embargo, Libra, aunque tiene una forma de ser conciliadora y pacífica, a veces será sorprendido y se llevará algún que otro sobresalto, debido a las excentricidades y alguna que otra acción imprevista de Acuario.

También en la forma de vestir pude que haya disonancias. Libra gusta más la elegancia y la armonía, mientras que Acuario es más libre y bohemio, pues le importa menos la opinión de la gente.

Salvando estas formas de ver la vida un tanto distinta y que podría traer alguna que otra discusión, la relación se prevé duradera y estimulante por ambas partes.

LIBRA - PISCIS

Son dos signos incompatibles en principio, ya que el Agua y el Aire no se complementan. Sin embargo, los dos tienen mucho en común, pues Venus, planeta regente de Libra está exaltado en Piscis.

En este sentido, podemos apreciar cualidades muy parecidas: Libra ama la paz, la armonía y la belleza y desdeña todo lo que tenga que ver con los conflictos y los dramas. Piscis busca la tranquilidad y la calma y sufre con las peleas y las guerras.

Los dos poseen una dulzura de carácter, que, si su tema natal no tuviese aspectos negativos, estaríamos hablando de una posible pareja ideal.

SALUD

Libra rige los riñones, las glándulas suprarrenales, la región lumbar, la vesícula, la piel, los ovarios (en la mujer), el sistema vasomotor y los uréteres. Por tanto, las aflicciones o malos aspectos de los planetas sobre este signo pueden llegar a producir las distintas dolencias que afectan a estas zonas del cuerpo:

Lumbago, anquilosamientos vertebrales, nefritis, irritación renal, uremia, cistitis, problemas en la piel, diabetes, inflamación de los uréteres, cálculo renal, etc.

Por lo tanto, deberá tener especial cuidado con ellas y prestarles más atención de lo normal, y no abusar sobrecargándolas o sobreexcitándolas.

Cuando se producen malos aspectos sobre Libra da lugar a todos los problemas relacionados con una mala administración de la energía de Libra y Venus, planeta que rige el signo. Si quiere evitarlos, debe tener especial cuidado y tomar conciencia de cómo está trabajando dicha energía. Por ejemplo, su mala administración se traduce por comportarse con los demás con los peores defectos del signo: desarmonía, injusticia, apatía y sobre todo, debe tener una buena relación de amor con los demás, evitando todo tipo de excesos y placeres excesivos. Si quiere recuperar la salud, debe evitar al máximo este tipo de comportamientos.

TRABAJO

Libra es especialmente un signo venusiano, que tiene especial relación con el mundo artístico y la belleza. En la rueda astrológica ocupa la casa VII, cuyo significado esencial es el de las asociaciones, las sociedades, el matrimonio.

Por lo tanto, pueden irle bien todos los trabajos en los que pueda desarrollar su potencial artístico y capacidad para las uniones y asociaciones:

Diplomacia

Artista: músico actor, etc.

Estética

Masaje

Peluquería

Agencia matrimonial

Modelo

Decoración

Etc.

PERSONAS CÉLEBRES
NACIDAS EN LIBRA

- André Casanova, 12-10-1919: compositor francés
- Antonio Gala, 02-10-1936: escritor
- Bruce Springsteen, 26-09-1949: cantante
- Carmen Sevilla, 10-10-1930: actriz y cantante
- Fernando Sánchez Dragó, 02-10-1936: escritor y crítico literario español
- Gore Vidal, 03-10-1925: escritor estadounidense
- Groucho Marx, 02-10-1890: actor cómico estadounidense
- John Lennon, 09-10-1940: músico británico (The Beatles)
- Judit Mascó, 12-10-1969: modelo española
- Julie Andrews, 01-10-1935: actriz británic
- Julio Iglesias, 23-09-1943: cantante
- Luciano Pavarotti, 12-10-1935: tenor italiano
- Mahatma Gandhi, 02-10-1869: político y líder religioso hindú
- Maribel Verdú, 02-10-1970: actriz
- Melody, 12-10-1990: cantante española
- Michael Douglas, 25-09-1944: actor
- Pedro Almodóvar, 24-09-1951, cineasta
- Rocío Dúrcal, 04-10-1944: cantante y actriz
- Romina Power,02-10-1951: actriz y cantante italo-americano

Escorpio

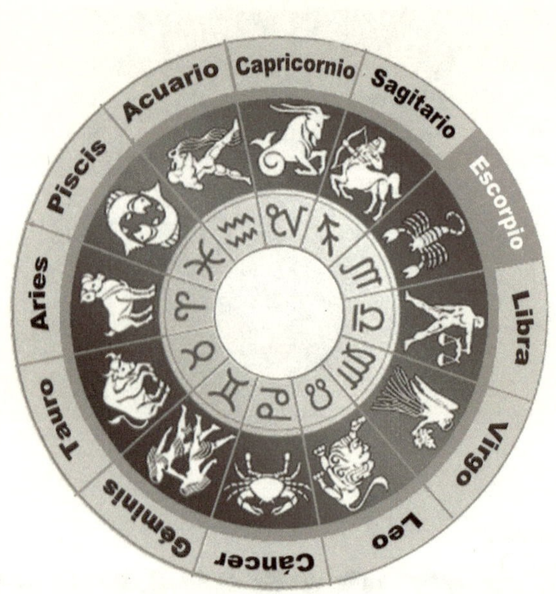

Piscis
Acuario
Capricornio
Sagitario
Escorpio
Libra
Virgo
Leo
Cáncer
Géminis
Tauro
Aries

♏ ESCORPIO

24 de octubre al 22 de noviembre

El amor al prójimo empieza por uno mismo

Elemento: Agua

Símbolo: ♏

Color: Rojo carmín

Planeta regente: Marte

Gemas: Malaquita, imán

Metal: Hierro

Día de la semana: Martes

Números de la suerte: 8 y 9

SÍMBOLOS DE ESCORPIO Y MARTE

♏ ♂

El símbolo de Escorpio se representa con una «m», de muerte, que finaliza con el aguijón mortal del escorpión ♏.

En Astrología se le asocia con la casa VIII, que es la de la muerte. Simboliza todo aquello que pone punto y final a un ciclo: la muerte, la transformación... También está representado por un escorpión, cuyo aguijón produce la muerte.

El regente es el planeta Marte, dios de la guerra para los griegos y romanos. Por lo tanto, también simboliza la guerra, la violencia...

Marte, cuyo símbolo (♂) al principio era una cruz sobre un círculo (♂), aunque ha variado con el tiempo, El círculo representa al espírtu; y la cruz, a la materia. Este símbolo indica que la materia domina sobre el espíritu. Por lo cual, el nativo de Escorpio en su base trabaja moldeando la materia y sus intereses se dirigen más hacia el mundo material para ganar experiencia, sacrificando al espiritual.

En el caso de Escorpio, se volcará más hacia el mundo sentimental y los deseos serán para él una de las cosas más importantes.

Ya sabemos que en el mundo del deseo el mal y el bien pueden manifestarse con igual fuerza, por lo que Escorpio debe tener especial cuidado en saber discernir el uno del otro en cada momento.

PERSONALIDAD

Escorpio interioriza los sentimientos y las emociones. Es un signo poco expresivo pero de profundos sentimientos, que se puede inclinar tanto hacia el bien como hacia el mal. Es enérgico y siente atracción por explorar todo lo oculto, misterioso y secreto. Si utiliza su energía para hacer el bien, puede llegar a ser un gran médico o cirujano.

Tiene una gran fuerza y voluntad que exterioriza mediante el esfuerzo y el trabajo, haciendo cosas que quizá a otros les parezcan excesivas. Sin embargo, él no tendrá esa sensación, sino que lo verá como algo normal e, incluso, puede percibir a los que son más tranquilos como personas pusilánimes y faltos de energía.

A veces tiene modales un poco bruscos, pero la mayoría de las veces es honesto y justo.

Escorpio tiene que vivir el mundo emocional intensamente, pero al contrario que Piscis, que debe volcarlos hacia fuera, él lo hace hacia dentro. O sea, vive su propio mundo emocional, algo que los demás a veces no llegan a sospechar, pero sí perciben su atracción, como si de un imán se tratase. Su fuerza emotiva actúa como centro de gravedad para el mundo que le rodea, por eso es tremendamente atractivo, aunque no haya sido dotado con una aparente belleza externa.

A este signo le atraen poderosamente el tema del sexo y la muerte. Tanto es así, que a veces elige una profesión que tenga que ver con ellos.

Cuando malos aspectos afligen al signo, este puede convertirse en un ser egoísta, que se ama a sí mismo por encima de todas las cosas sin pensar en los demás. Solo atenderá a sus propios problemas sentimentales y se los contará a todo el mundo de una manera un poco obsesiva. Pero cuando los haya resuelto, desaparecerá y no se sabrá de él hasta que vuelva a tenerlos de nuevo.

Así mismo, un Escorpio mal aspectado puede encontrar constantes problemas donde los demás no los ven en absoluto.

Cuando tiene buenos aspectos sobre su signo, pueden ser realmente encantadores, ya que su amor, será completamente altruista y estará siempre dispuesto a sacrificarse a sí mismo para el bien de los demás.

Trabajarán de forma infatigable contra la injusticia social, rebelándose contra la opresión o cualquier causa que les parezca justa. A este respecto pueden emplear un montón de horas al día de forma completamente desinteresada.

El signo de Escorpio debe tener especial cuidado en no utilizar el odio o la venganza en arreglar los problemas que interpreta de la vida cotidiana. El amor al prójimo y el perdón deben ser siempre sus armas preferidas para solucionar las cosas.

CUALIDADES A DESARROLLAR

Energía.
Sentimientos profundos.
Aspiraciones sublimes.
Regeneración.
Transformación.
Investigación.
Ingenio.
Amor al prójimo.
Motivación.
Estudio de la ciencia.

DEFECTOS A SUPERAR

Celos.
Ira.
Pasión.
Temeridad.
Carácter vengativo.
Irritabilidad.
Odio.
Rencor.
Intolerancia.
Violencia.

AMOR Y COMPATIBILIDAD

Escorpio es un signo que vive sus sentimientos de una forma interior y muy intensa, aunque pueda aparentar una relativa calma exterior. Sus relaciones amorosas no son románticas, sensibleras ni pausadas, sino más bien pasionales y, algunas veces, rozando el drama.

Tienen un carácter extremista y obstinado; cuando desean algo no paran hasta conseguirlo; cuando tratan de conseguir algún fin, nadie puede detenerlos, pues su determinación es firme. Pero es que, además será muy difícil oponerle resistencia, ya que ejercen una atracción y una fascinación innata.

Los nativos de este signo pueden llegar a ser agradables, abnegados y envolventes, agasajando a su pareja con obsequios importantes que pueden ser la envidia de todo el que lo vea, pues se dirá que ojalá su pareja lo tratase de esta forma.

Sin embargo, para los que son más independientes y les gusta más ir desprendidos por la vida, esta forma de actuar les puede resultar un tanto empalagosa y, a la larga, parecerles insoportable tantas muestras de cariño.

Es posible que, en este sentido, Escorpio se muestre demasiado controlador y sienta celos de todo aquel que se acerque a su pareja, llegando, con el tiempo, a irritarla de tal modo, que lo único que quiera sea librarse de semejante yugo lo más pronto posible.

Por lo tanto, este signo debe tener especial cuidado con este tema y dejar un margen de libertad a su pareja, sin agobiarla demasiado, ya que si esta es un signo de los llamados independientes y que no le gusta que se preocupen constantemente por él o ella, huirá a la menor de cambio sin contemplaciones de ningún tipo.

Si, al dejar la relación, su pareja se fuese con otra persona, sería lo peor que puede pasarle, ya que su orgullo masculino quedaría terriblemente herido y es muy posible que contase a todos sus amigos lo mal que se ha portado con él.

Por lo demás, es un signo fijo y, como tal, será fiel y buscará una relación estable. Si encuentra a la pareja ideal, será para toda la vida y, exigirá la misma fidelidad de su relación.

ESCORPIO - ESCORPIO

Aquí se mezclan Agua y Agua de la misma naturaleza, es decir, con los mismos objetivos y personalidad. Sentirán el uno por el otro una atracción irresistible, sobre todo en el terreno sexual.

Los dos son pasionales, de emociones intensas. Por tanto, en el amor se llevarán muy bien, incluso entenderán sus ataques de celos, ya que los dos pueden llegar a tener este defecto.

Será un amor agitado, despierto, rozando incluso el drama, pues los dos poseen un carácter fuerte y autoritario, las mujeres Escorpio requieren hombres viriles; y los hombres, buscan mujeres que estén dispuestas a vivir una relación emocional y sexualmente intensa.

Ambos son fieles y leales, algo que quizá no se encuentre tan consolidado en otros signos. Si discuten, pueden pasar algún tiempo con caras largas e incluso sin dirigirse la palabra, pero tarde o temprano llega la reconciliación, pues la atracción física que sienten el uno por el otro no se resiste a ninguna otra cosa.

En resumen, los dos se complementan perfectamente, pero deben tener especial cuidado en darse cada uno el espacio que necesita en la relación, pues cuando uno intente dominar al otro (y los dos tienden a querer hacerlo con frecuencia), surgirán problemas.

ESCORPIO - SAGITARIO

Signos incompatibles y una relación un tanto difícil de imaginar. Escorpio es un signo fijo de Agua y Sagitario, mudable de Fuego.

Como signo fijo, Escorpio busca una relación duradera, mientras que Sagitario es más volátil y no se compromete tan fácilmente para toda la vida.

En la relación de pareja, Escorpio, una vez que la ha elegido, se lanza a por ella sin descanso hasta que la consigue. Cuando la consigue, su instinto posesivo y acaparador, le alejarán de Sagitario, quien se sentirá agobiado y dominado, cosa que no gustará a su espíritu libre e independiente. Por este motivo, cuando sienta que está siendo dominado y acaparado por su pareja, no parará hasta deshacerse de ella, pues este comportamiento de su pareja le irritará sobremanera. Una cosa que Escorpio no entenderá muy bien, ya que, para él, será como una cosa normal ir pegado a su pareja y agasajarla con constantes arrumacos.

Los dos caracteres son muy contrarios, pues, mientras Escorpio es introvertido, secreto, obstinada, crítico, cerrado y poco amante de las relaciones en grupo, Sagitario es todo lo contrario: franco, abierto, independiente, sociable...

Una relación armoniosa puede darse en personas evolucionadas que entiendan las necesidades de cada uno. Deberían hacer ambos un esfuerzo por entenderse. Cosa que harán si tienen verdadero amor el uno por el otro. Ser conscientes de que la pareja es distinta de como nosotros queremos que sea y respetar su forma de ser: esa debe ser la actitud permanentemente, pues si no, las dificultades pueden ser muy difíciles de superar.

ESCORPIO - CAPRICORNIO

La relación entre estos dos signos puede llegar a ser armoniosa. Pues Capricornio ofrecerá seguridad y estabilidad a Escorpio, así como fidelidad y una cierta tranquilidad de espíritu.

Escorpio, por su parte, encontrará buena acogida en Capricornio, que valorará sus aptitudes científicas y su elevado ingenio.

No obstante, la relación sentimental puede no llegar a ser tan ideal, pues Escorpio no llevará bien la frialdad que, en este sentido, muestra Capricornio, ya que no encontrará en él una respuesta equivalente a sus constantes demostraciones de amor y cariño.

Para conservar un cierto equilibrio, Escorpio debe controlar un poco más sus excesos sexuales y emocionales; y Capricornio, acercarse un poco más a su pareja con alguna que otra demostración de amor.

ESCORPIO - ACUARIO

En principio, no combinan muy bien, ya que el celoso, dominante y pasional Escorpio encontrará oposición con el independiente y rebelde Acuario. Pues este último no se acogerá a ninguna norma impuesta por su pareja y tenderá más a llevar una vida independiente y social, lo que no llevará bien Escorpio, que le gustaría quedarse en casa y hacer mejor una vida íntima y de pareja.

Puede haber cierta armonía si Escorpio aprende a dominar y controlar sus pasiones, orientándolas más bien hacia caminos de productividad intelectual o espiritual por una obra social que agrade a Acuario. Acuario debe sacrificar en parte sus relaciones sociales para estar un poco más al lado de su pareja.

Los dos signo, en definitiva, pueden llevarse muy bien si basan la relación en aspectos relacionados con la amistad y el respeto mutuo.

ESCORPIO - PISCIS

Los dos son signos de Agua, el uno (Escorpio) vive sus emociones de forma interior; y el otro (Piscis) de forma externa. Sin embargo, el uno y el otro son emocionalmente impredecibles. Es difícil saber lo que sienten en cada momento y, a menudo, los demás signos no entienden algunas salidas de tono de Piscis, ni alcanzan a comprender lo que siente el misterioso Escorpio en algún momento dado. Pero ellos se entenderán en este sentido bastante bien.

Entre ellos existe una atracción natural porque los dos son signos emocionales y, por tanto, experimentan sensaciones intensas. Pero en cuanto a la forma de ser, Escorpio es más fuerte y viril que Piscis, que es más sumiso, sacrificado y abnegado. Esto puede ser un problema si Escorpio utiliza este carácter natural de Piscis para dominarlo y convertirlo en una persona completamente sumisa.

Por lo demás, puede haber una armonía excelente, pues la dulzura y carácter apacible de Piscis podrá calmar los celos y el dramatismo de Escorpio.

También pueden compartir el interés por las Ciencias Ocultas, la Astrología, la muerte y el Más Allá y todo lo misterioso, ya que a los dos se sienten bien hablando de estos temas o compartiéndolos.

SALUD

Escorpio rige los órganos genitales, la pelvis, la vejiga, la uretra, la próstata, la nariz, el colon descendente, las ingles y la materia roja de la sangre. Así pues, las debilidades y malos aspectos de los planetas sobre este signo pueden llegar a producir las distintas dolencias que afectan a estas partes del cuerpo, como son:

Sinusitis.
Catarros nasales.
Infecciones en los órganos sexuales.
Enfermedades de la próstata.
Enfermedades venéreas.
Hemorroides.
Pólipos.
Uretritis.
Fístulas.
Abscesos, furúnculos
Varicocele, etc.

Por lo tanto, deberá tener especial cuidado con estas zonas de su cuerpo y prestarles más atención de lo normal, y no abusar sobrecargándolas o sobreexcitándolas.

Cuando se producen malos aspectos sobre Escorpio da lugar a todos los problemas relacionados con una mala administración de la energía marciana, planeta que rige el signo. Si quiere evitarlos, debe tener especial cuidado y tomar conciencia de cómo está trabajando dicha energía. Por ejemplo, la mala administración de esta energía se traduce por comportarse con los demás con los peores defectos del signo: ira, odio, irritabilidad, venganza, celos... Si quiere recuperar la salud, debe evitar al máximo este tipo de comportamientos.

TRABAJO

Escorpio tiene a su disposición la energía de su signo y de su planeta, que están relacionados con una actividad intensa en el terreno de los sentimientos, y muy especialmente en el terreno sexual. También con la muerte. Además, son muy buenos indagadores. Por lo que se sentirán bien en las siguientes profesiones:

Psicólogos

Investigadores

Detectives

Terapeutas sexuales

Policías

Químicos

Empresas funerarias

Forenses

Cargos militares

Dentistas

Cirujanos, etc.

PERSONAS CÉLEBRES NACIDAS EN ESCORPIO

- Baltasar Garzón, 26-10-1955: juez español
- Benjamin Banneker, 09-11-1731: astrónomo estadounidense.
- Bram Stoker, 08-11-1847: novelista y escritor irlandés
- Eros Ramazzptti, 28-10-1963: cantante
- Evo Morales, 26-10-1959: presidente boliviano
- François Mitterrand, 26-10-1916: político francés, presidente de Francia
- Hillary Clinton, 26-10-1955: senadora y ex primera dama estadounidense
- Julia Roberts, 28-10-1967: actriz
- Leonardo DiCaprio, 11-11-1974. actor
- Maradona, 30-10-1961: futbolista
- Martín Lutero, 19-11-1483 (calendario gregoriano): monje alemán
- Pablo Picasso, 25-10-1881: pintor
- Reina Sofía, 02-11-1938: Reina de España
- Richard Burton, 10-11-1925: actor británico.
- Thomas Lowry, 26-10-1874: físico y químico británico
- Wilhelm Weber, 24-10-1804: físico alemán

Sagitario

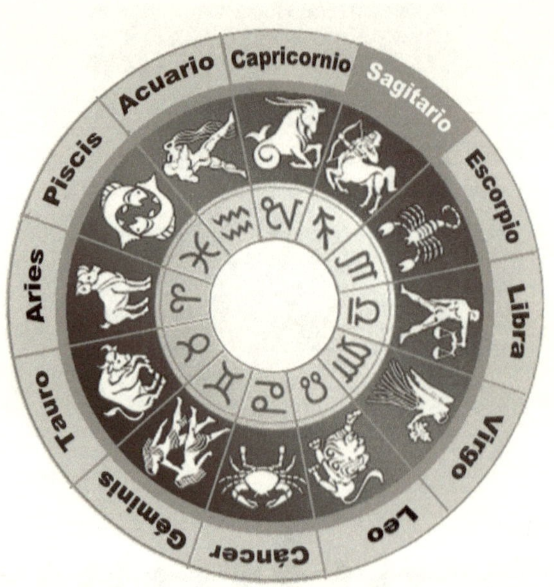

SAGITARIO

23 de noviembre al 21 de diciembre

Acercar el Cielo a la Tierra

Elemento: Fuego

Símbolo: ↗

Color: Azul

Planeta regente: Júpiter

Gemas: Turquesa, Turquenita

Metal: Estaño

Día de la semana: Jueves

Números de la suerte: 3 y 9

SÍMBOLO DE SAGITARIO Y JÚPITER

El símbolo de Sagitario se representa con una flecha que apunta hacia el cielo: ↗, la cual simboliza el afán por las cosas elevadas, lugar al que debe apuntar el hombre.

Su planeta regente es Júpiter, que se dibuja mediante un semicírculo sobre una cruz ♃ El semicírculo representa al alma; y la cruz, a la materia.

El semicírculo sobre la cruz nos da la idea del lugar donde debe situarse el alma, o sea, sobre la materia o por encima de ella. El bien común debe predominar sobre el egoísmo y los deseos mundanos o materiales.

La flecha apuntando hacia el cielo se une, además, al símbolo del centauro, lo que nos informa de la doble naturaleza de este signo: mitad hombre y mitad animal. La humana apunta hacia arriba, hacia las estrellas, hacia lo espiritual; y la animal se centra más bien en las cosas materiales que satisfacen a su cuerpo físico.

Esta lucha entre lo espiritual y lo material será una constante en la vida de este signo. Los nativos más elevados dominarán de una forma más firme su naturaleza inferior y darán más importancia a las cosas espirituales; mientras que los menos elevados se inclinarán más bien por las cosas materiales.

PERSONALIDAD

Sagitario está regido por Júpiter, el planeta más benéfico y positivo del Zodiaco. Por tanto, los nativos de este signo administran de una u otra forma las energías que se desprenden de él. Son optimistas, sociables, alegres y espirituales. Son amantes de la diversión y de naturaleza amistosa, filosófica e intelectual

Sirven de modelo a seguir por su entusiasmo y su alegría de vivir, que contagian por doquier.

Quien está al lado de un Sagitario, nunca encuentra lugar para el aburrimiento y la negatividad, pues siempre tienen algo de qué hablar y de cualquier cosa sacan conversación.

Al estar representado por el centauro (mitad hombre y mitad caballo), existen en él dos naturalezas, una que, como hemos mencionado anteriormente apunta a las estrellas; y otra, al mundo material. Esto hace que pueda haber nativos de dos clases o que la misma persona se comporta de dos formas completamente distintas, dependiendo de la naturaleza que tenga más fuerza y domine en ese momento.

Los representados por la naturaleza animal del símbolo serán más materialistas y buscarán satisfacer sus necesidades sin importarles mucho la moral o las consecuencias de su manera de actuar.

En cambio, aquellos en que sea dominante la parte humana del centauro, orientarán su actuación de acuerdo con un código moral y una altura de miras increíble que los alejará considerablemente de los anteriores.

Si alternan las dos naturalezas en una misma persona, se debatirá en una lucha interior que lo llevará un día a ser respetuoso con la ley y la moral, y otro día, será inmoral y transgresor de las leyes. En definitiva, lo que haga y construya un día con la naturaleza elevada y espiritual, lo destruirá al día siguiente con su baja y materialista naturaleza.

Los Sagitario cuya naturaleza humana del centauro domine sobre la animal, serán los grandes relaciones públicas en los cuales todo el mundo confía. Sin casi proponérselo irán escalando puestos de responsabilidad en la sociedad hasta convertirse en sus verdaderos pilares.

La casa 9 que ocupa el signo en el Zodiaco tiene relación con la espiritualidad, la filosofía, el altruismo, los viajes largos y la filantropía.

Por eso suelen tener un carácter desprendido y caritativo y están siempre dispuestos a ayudar a cualquier movimiento altruista o ellos mismos fundan agrupaciones que tengan por objeto la ayuda al prójimo.

También suele realizar grandes viajes a lo largo de su vida, principalmente al extranjero. Le gusta la aventura y disfruta especialmente con las cosas diferentes.

Son excelentes oradores y les gusta este medio de expresión, ya que son muy buenos comunicadores, principalmente de temas relacionados con la filosofía y la espiritualidad. Tienen una excelente memoria y convierten sus disertaciones en una verdadera fiesta intelectual, manteniendo la atención del público hasta el final.

Su verdadera finalidad en la vida consiste en hacer la estancia más agradable a todos aquellos que tienen un trabajo duro que realizar en el mundo. Como dijimos al principio, tienen una gran tarea, que consiste en acercar el Cielo a la Tierra, en hacer agradable y alegre la vida de todos aquellos con los que se cruzan en el camino. Un trabajo, sin duda, elogiable, pues no cualquiera vale para realizarlo. Pero sí los Sagitario, pues su energía no desfallece ante los problemas de la vida, y siempre está dispuesto a sacar algo positivo de las cosas por muy negras que parezcan a simple vista.

CUALIDADES A DESARROLLAR

Optimismo.
Alegría.
Sociabilidad.
Franqueza.
Espiritualidad.
Filantropía.
Filosofía.
Entusiasmo.
Intuición.
Comprensión.

DEFECTOS A SUPERAR

Imprudencia.
Inquietud
Carácter variable.
Inconstancia.
Pesimismo.
Charlatanería.
Impaciencia.
Exageración.
Gula.
Desenfreno.

AMOR Y COMPATIBILIDAD

Son entusiastas y cariñosos. Los vínculos afectivos y los compromisos demasiado rígidos no son para ellos; prefieren la aventura en el amor de pareja, pues les aburre soberanamente la rutina y hacen lo posible por salir de ella.

Sagitario necesita expansión y aventura y no se llevará bien con todo aquel que quiera restringirle su libertad e independencia.

La pareja de este signo ha de estar dispuesta a estar a su altura. Ha de vivir la relación como si se tratara de una hermosa aventura. Por ejemplo, no poner trabas a sus gustos y diversiones, mostrarse alegre, dinámico y divertido como él, y ser optimista y tomarse las cosas un poco a broma. Debe, además, estar dispuesto a seguir un tipo de vida divertida y, en ocasiones, un poco loca.

Los celos no son muy bien recibidos por este signo y los rechazará de plano, porque necesita expresar sus simpatías y, a menudo, puede parecer que flirtea con otras personas, lo que llevará a los celosos a mostrarse profundamente heridos ante cualquier relación de amistad con el sexo opuesto. Esto no será bien recibido por Sagitario y podría terminar con la relación de una forma drástica.

Sagitario suele ser, como hemos dicho, un personaje alegre, divertido y con sentido del humor. Rechazará, por tanto, a todos aquellos que sean demasiado ásperos y serios y no entiendan su sentido del humor, que, a veces, puede ser incluso un poco hiriente.

SAGITARIO - SAGITARIO

Puede resultar una buena unión, ya que los dos comparten los mismos gustos y aficiones: los viajes, la aventura, los deportes...

Los dos se dirán las cosas a la cara y no se andarán con tapujos, lo que facilitará, sin duda, la relación en pareja. Serán francos el uno con el otro, pues es su carácter natural.

Al ser signos independientes y dejarse vivir cada uno una parcela de libertad en su vida en común, deben tener cuidado para no olvidarse el uno del otro y dedicarse a sus asuntos de una forma completa.

El exceso de idealismo que caracteriza a este signo también puede ser un asunto serio, ya que pueden olvidarse de las cosas prácticas y lanzarse a realizar sueños o quimeras inalcanzables o que requieren un alto coste económico. Esta forma de actuar, si no ponen medios antes de tiempo, puede llevarlos a la ruina económica y pasar, como consecuencia, serias dificultades sociales y de pareja, pues pueden tener tendencia a echarse la culpa mutuamente de semejante situación.

En el amor es una excelente combinación ya que, al ser ambos de naturaleza fogosa, conocerán sus necesidades sentimentales y sabrán satisfacerlas en cada momento.

SAGITARIO - CAPRICORNIO

A Sagitario lo rige el planeta Júpiter, el planeta generoso y expansivo del Zodiaco; y a Capricornio, Saturno, el restrictivo. Además, Sagitario es idealista y espiritual; y Capricornio se inclina un poco más hacia las cosas terrenas (Hablamos en general, ya que algunos tipos de Capricornio evolucionado son tremendamente espirituales y algunos Sagitario poco evolucionados, y que se identifican más con la parte animal del centauro, suelen ser más materialistas).

Podemos decir, no obstante, que en líneas generales, no son compatibles.

Al principio, Capricornio puede sentir que el carácter jovial de Sagitario le saca de su introversión y le alegra la existencia. Pero pronto llegará el choque. Capricornio no entenderá muy bien el sentido del humor de Sagitario, que a veces le parecerá hasta ridículo; y Sagitario no soportará la forma de ser introvertida de Capricornio.

La economía también será otro punto de fricción, ya que Sagitario no mirará los gastos, mientras que Capricornio los controlará con exceso.

Pueden llegar a entenderse si comparten los mismos ideales espirituales.

SAGITARIO - ACUARIO

Pueden llegar a tener muy buena relación, pues los dos comparten gustos y aficiones semejantes: los dos son independientes y respetan al otro concediéndole un espacio de libertad, sin restricciones ni posesividad.

En esta pareja es muy raro que se den los celos. Por lo tanto, la relación puede ser duradera si no se agobian con una convivencia en común demasiado presente, es decir, les irá mejor no verse tanto, que estar constantemente el uno junto al otro, ya que esto les resultará tremendamente monótono y aburrido.

No obstante, la falta de celos por parte de ambos signos puede llegar a entenderse, sobre todo por parte de Sagitario, que hay falta de interés y amor hacia él lo que podría provocar algún que otro conflicto, que conviene evitar con alguna demostración de cariño de vez en cuando.

A ambos le parecerá secundario el factor económico, por lo que no tendrán muy en cuenta los gastos, aunque Acuario administrará un poco mejore que Sagitario la economía familiar.

SAGITARIO - PISCIS

Puede ser que haya atracción, pues el misticismo de Piscis atraerá al Sagitario espiritual. El uno (Sagitario) es dinámico y positivo, mientras que el otro (Piscis) es más subjetivo y pasivo. De ahí la atracción. Sin embargo, sus temperamentos diferentes pueden crear algún que otro problema.

Por ejemplo, cuando Piscis se retire hacia su interior, cosa que hará muy a menudo, a Sagitario le parecerá que se le está excluyendo y no entenderá la necesidad de vivir en su interior que tiene Piscis, ya que a él le gustaría que estuviera siempre presente, en su mundo real y no en sus sueños interiores.

En la convivencia, Sagitario tomará las iniciativas y Piscis casi siempre estará de acuerdo, dado su carácter pasivo.

En el amor, los profundos sentimientos de Piscis cautivarán a Sagitario y si hay verdadero amor entre ambos, se entenderán mutuamente y la relación puede ser duradera, a pesar de las incompatibilidades del Agua y el Fuego.

SALUD

Sagitario rige las caderas, el coxis, el íleon, el fémur, las arterias, las venas iliacas, los nervios ciáticos y la región sacra de la columna vertebral. Así que, las aflicciones o malos aspectos de los planetas sobre este signo pueden llegar a producir las distintas dolencias que afectan a estas zonas del cuerpo:

Enfermedades del hígado, ciática, gota, ataxia locomotriz, reumatismo, problemas de circulación, enfermedades en las caderas, fracturas, femorales, rotura de huesos, varices, obesidad, etc.

Por lo tanto, deberá tener especial cuidado con estas zonas de su cuerpo y prestarles más atención de lo normal, y no abusar sobrecargándolas o sobreexcitándolas.

Cuando se producen malos aspectos sobre Sagitario da lugar a todos los problemas relacionados con una mala administración de la energía jupiteriana, planeta que rige el signo. Si quiere evitarlos, debe tener especial cuidado y tomar conciencia de cómo está trabajando dicha energía. Por ejemplo, la mala administración de esta energía se traduce por un exceso de protagonismo del planeta Júpiter, llevando al individuo a comportarse con los defectos de Sagitario de manera habitual, que, como hemos visto anteriormente, son, entre otros, principalmente la exageración, la gula y el desenfreno, comportamientos que pueden dar lugar, en un futuro, a enfermedades relacionadas con el hígado y la obesidad.

TRABAJO

Sagitario es un signo positivo al que le encanta disfrutar de la vida y se siente bien relacionándose con todo el mundo. Cuando Sagitario entabla relación con alguien, es como si le conociera de toda la vida. Como signo vital, dinámico y amante de los viajes y las relaciones, le irán bien todos los trabajos relacionados con este tipo de cosas.

Así pues, puede ser un alto funcionario, un buen diplomático, político, psiquiatra, juez, filósofo, explorador, misionero, deportista, filántropo, orador, corresponsal, relaciones públicas, conferenciante, psicólogo, intérprete, etc.

PERSONAS CÉLEBRES NACIDAS EN SAGITARIO

- Kim Basinger, 8 -12 1953: actriz y modelo
- Tina Turner, 26-11-1939: cantante y actriz
- David Villa, 03-12-1981, futbolista
- William Armstrong, 26-11-1810: inventor británico
- José Carreras, 5-12-1956: tenor
- Woody Allen, 3-12-1935: actor y director de cine
- Steven Spielberg, 18-12-1947, director de cine
- Alfonso XII, 28-11-1957: rey de Españas
- Anna Freud, 03-12-1895: psicóloga
- Francisco I, 17-12-1936: Papa de Iglesia Católica

Capricornio

Piscis
Acuario
Capricornio
Sagitario
Escorpio
Libra
Virgo
Leo
Cáncer
Géminis
Tauro
Aries

♑

CAPRICORNIO

22 de diciembre al 20 de enero

Guardián de la Ley Cósmica

Elemento: Tierra

Símbolo: ♑

Color: Negro, marrón oscuro

Planeta regente: Saturno

Gemas: Ónix negro, hulla

Metal: Plomo

Día de la semana: Sábado

Números de la suerte: 8 y 10

SÍMBOLOS DE CAPRICORNIO
Y SATURNO

♑ ♄

La figura simbólica son los cuernos del macho cabrío y la cola del delfín: ♑, También se representa mediante un macho cabrío. Está regido por Saturno. Simboliza la muerte aparente de la Naturaleza y el apogeo de la energía espiritual. Es en Capricornio cuando nace Cristo, cuando el Sol, símbolo de la vida, se aleja el máximo posible del hemisferio norte y el invierno parece que va a acabar con la vida en esa parte de la Tierra, entonces comienza a ascender de nuevo y se produce un nuevo nacimiento. En este sentido, Capricornio simboliza la muerte y la vida, el fin de un ciclo y el comienzo de otro.

En Saturno tenemos una cruz sobre un semicírculo: ♄. Lo material (la cruz) encima, pero aquí está sobre el alma (el semicírculo), que forma una trinidad con el espíritu y el cuerpo. Podemos interpretar que el egoísmo predomina sobre el bien, los deseos se inclinan hacia el materialismo. Saturno en un horóscopo representa, entre otras cosas, al materialista. Digamos que, en sentido positivo, el individuo se aleja de lo espiritual para estudiar a fondo la materia y encontrar la quintaesencia que lo mueve, que no será ni más ni menos que el alma de las cosas.

PERSONALIDAD

En Capricornio empieza la etapa práctica de todos los ciclos anteriores, en los cuales se ha trabajado el Fuego (Aries, Leo y Sagitario), el Agua (Cáncer, Escorpio y Piscis) y el Aire (Libra, Acuario y Géminis). Ahora comienza el ciclo de Tierra, que es eminentemente práctico. Por eso utilizará todo lo aprendido anteriormente para aplicarlo en la realidad y ver si las teorías pueden llevarse a la práctica.

Será serio, disciplinado, sujeto a las leyes y organizativo. En su interacción con la sociedad nunca actuará a lo loco, sino que planificará cada una de las cosas que se propone alcanzar.

Hace constantes progresos en la vida y aspira a llega a lo más alto, aunque haya empezado desde lo más bajo y humilde. Camina con paso firme y regular hasta conseguir los objetivos que se ha propuesto.

Se comporta ante la sociedad de una forma madura y responsable y, por tal motivo es requerido para las tareas de responsabilidad.

Su alto sentido de la responsabilidad y del deber le llevan asumir a veces algunas responsabilidades que no le corresponden.

Es conservador y prefiere seguir las leyes y la moral establecida en la sociedad antes que intentar cambiarla.

En el vestido suele adoptar una actitud más bien conservadora, evitando las ropas informales que le puedan hacer aparecer ante los demás como algo frívolo.

En las relaciones de amistad y de pareja es muy cercano y se muestra bastante fiel. Escoge muy bien a las personas con las que quiere compartir su vida, pero cuando se le ofende no suele olvidar fácilmente. No se entrega a los demás hasta estar seguro de que las personas que ha elegido no le van a defraudar.

Es prudente, reservado y nunca opinará a la ligera de cualquier cosa, sino que antes meditará profundamente lo que tiene que decir.

Es poco dado al derroche y al gasto inútil en todos los sentidos. Siempre buscará la utilidad de todo lo que compra.

No valora demasiado el ocio y la diversión, y antepone su profesión a todo lo demás, llegando incluso a dedicarle hasta el poco tiempo libre del que dispone. Pero, sin embargo, cuando se van de marcha, se puede llegar a mostrar de una forma totalmente materialista y mundana, cosa que chocará a cuantos le conocen y le habían puesto la etiqueta de serio y responsable.

Los demás suelen verle como una persona fría, reservada y poco accesible, aunque él no se verá de este modo, pues en su interior anida un torrente de emociones, que no exteriorizará, pero que pensará que los demás podrán verlas tan bien como él.

CUALIDADES A DESARROLLAR

Responsabilidad.
Reflexión.
Perseverancia.
Diplomacia.
Paciencia.
Tacto.
Prudencia.
Seriedad.
Práctica.
Perfeccionismo.

DEFECTOS A SUPERAR

Pesimismo.
Melancolía.
Rencor.
Frialdad.
Crueldad.
Desconfianza.
Arrogancia.
Rigidez.
Carácter reservado.
Represión.

AMOR Y COMPATIBILIDAD

Capricornio es un signo sujeto a la influencia de Saturno. Por tal motivo, en el amor se muestra prudente, reservado, tímido, poco demostrativo de cariño y poco comunicativo, en general.

Estas disposiciones presentan algunos problemas a la hora de la relación de pareja, ya que supondrá un freno en todos aquellos que quieran acercarse a él.

Los que logren traspasar estas barreras, le acusarán de falta de sensibilidad y de incomprensión ante las emociones ajenas. También de falta de entusiasmo y de excesiva rigidez.

Sin embargo, con algunos signos puede llegar a entenderse muy bien y aportarles seguridad y protección en la vida de pareja.

Los signos de Tierra son los más compatibles con Capricornio, ya que comparten los mismos objetivos y afinidades.

Los signos de Agua también se complementarán perfectamente, ya que encontrarán en su pareja la estabilidad y la protección que necesitan para apaciguar sus sentimientos, lo que puede dar lugar a una relación duradera y próspera.

En cambio con los signos de Fuego sentirán que la Tierra de Capricornio aplaca su entusiasmo; y los signos de Aire se encontrarán limitados y verán restringidas sus ansias de libertad.

Es bastante difícil que un Capricornio se entregue a la vida amorosa, al sentimentalismo o al arrebato emocional descuidando otras responsabilidades que, desde su punto de vista, son más importantes, como el trabajo y las responsabilidades familiares y sociales.

Antes de entregarse a una aventura amorosa debe estar bien seguro y medirá sus pasos al milímetro. Meditará bien si le conviene o no y tendrá mucho tacto y diplomacia a la hora de plantear relaciones a alguien, ya que sus pretensiones de pareja buscan la estabilidad y la tranquilidad en una relación duradera. Huirá de todas aquellas personas que solo deseen pasar un buen rato o una relación pasajera.

Sin embargo, cualquiera que entable una relación de pareja con Capricornio, si otros elementos de su carta astral no lo impiden, puede estar bien seguro de que le guardará fidelidad. Esta es para él muy importante, ya que sin ella se vendrá abajo todo lo que se ha construido en el terreno familiar y de pareja.

CAPRICORNIO - CAPRICORNIO

Una relación compatible debido a su idéntica forma de considerar la vida. En efecto, su seriedad, su fidelidad y la importancia que ambos otorgan al trabajo y a las normas de convivencia, pueden constituir las bases para una unión duradera y feliz.

Es posible, no obstante, que la relación llegue a una situación de aburrimiento y de falta de entusiasmo, pues ambos tienen tendencia a hacer tan seria y restrictiva la vida en común, que la monotonía podría llegar a asfixiar la convivencia. Además, si los dos sufren crisis de melancolía, afección propia de Capricornio, ninguno podrá consolar al otro.

En estos casos, conviene que salgan y se relacionen con gente positiva, en particular con aquellos que tengan un Júpiter fuerte en sus temas natales. O también es conveniente que tengan a su alrededor gente joven, alegre y sociable, que les impidan dedicarse por entero al trabajo y a los compromisos.

En resumen, una relación armoniosa, que necesita ciertos estímulos externos, bien de uno de los cónyuges que tenga en su tema natal un ascendente alegre y positivo, o bien de personas positivas, alegres, que les saquen un poco de la monotonía y la depresión en la que a veces caen.

CAPRICORNIO - ACUARIO

Es muy difícil que entre estos dos signos, ambos regidos por el frío Saturno, se establezca una relación de pareja. Ninguno de los dos posee atracción suficiente hacia el otro como para enamorarlo, debido a la naturaleza melancólica y restrictiva de Saturno.

No obstante, Capricornio se podría sentir atraído hacia la comprensión y disposición humanitaria de Acuario, quien le ayudará ofreciéndole su apoyo si se encuentra en una crisis de negativismo y melancolía.

Acuario, no muy dado a convencionalismos, se aburrirá con la compañía de alguien demasiado rígido, conservador y aferrado a lo tradicional como Capricornio.

Si llegan a atraerse hasta tal punto que surge el amor entre los dos, entonces la relación puede ser feliz y duradera, pues seguramente otros elementos del horóscopo pueden estar influyendo.

CAPRICORNIO - PISCIS

Dos signos que pueden llegar a complementarse debido a los elementos Agua y Tierra. Pero esto no significa que sea una unión ideal.

Capricornio aportará a la unión sentido práctico e iniciativa. Piscis, la sensualidad y la ilusión en los sueños y la fantasía

Es una relación que puede perpetuarse en el tiempo. Piscis encontrará en Capricornio seguridad, protección y buena administración. Capricornio, por su parte, encontrará en Piscis, la ternura, la comprensión y el consuelo necesario para sus crisis de tristeza y pesimismo que le atacan de vez en cuando.

La relación puede, no obstante, resentirse si Capricornio se muestra demasiado árido y no expresa los sentimientos tal como Piscis lo esperaría, o si Piscis se muestra demasiado soñador y sentimental y no pone para nada los pies en el suelo. Ambas tendencias, si se toma conciencia, pueden llegar a aminorarse para alcanzar una perfecta armonía en la pareja. De lo contrario, surgirán problemas que, en algunos casos, pueden causar bastantes molestias.

SALUD

Capricornio rige los huesos y las articulaciones en general; el pelo, las rodillas, la piel. Por efecto del signo opuesto, Cáncer, también puede tener algunos problemas de estómago. Por tanto, las aflicciones o malos aspectos de los planetas sobre este signo pueden llegar a producir las distintas dolencias que afectan a estas zonas del cuerpo:

Artrosis, artritis, reumatismo, eczemas, enfermedades de la piel, obstrucción estomacal, indigestión, gota, erisipela, fracturas de huesos, dolores, caídas, etc.

Por lo tanto, deberá tener especial cuidado con estas zonas de su cuerpo y prestarles más atención de lo normal, y no abusar sobrecargándolas o sobreexcitándolas.

Cuando se producen malos aspectos sobre Capricornio da lugar a todos los problemas relacionados con una mala administración de la energía de Saturno, planeta que rige el signo. Si quiere evitarlos, debe tener especial cuidado y tomar conciencia de cómo está trabajando dicha energía. Por ejemplo, la mala administración de esta energía se traduce por comportarse con los demás con los peores defectos del signo, como por ejemplo: crueldad y frialdad y avaricia. Deberá evitar estos comportamientos siempre que pueda, lo que se traducirá por un estado más saludable en general.

TRABAJO

Capricornio es el gran constructor, aquel que pone los cimientos de toda edificación material, el guardián de la Ley Cósmica, que hace que todo funcione de acuerdo con un patrón. Su potencial, está relacionado con todo esto.

Por lo tanto, le irán bien los empleos donde pueda desarrollar su habilidad práctica en la construcción material y en el funcionamiento de las leyes.

Así pues puede encontrarse a gusto en las siguientes profesiones: arquitecto, constructor, albañil, ingeniero, científico, juez, abogado, legislador, político, etc.

PERSONAS CÉLEBRES NACIDAS EN CAPRICORNIO

- Antonio López, 06-01-1936: pintor
- Ava Gardner, 24-12-1922: actriz
- Carla Bruni, 23-12-1967: modelo y cantautora
- Carolina Cerezuela, 14-01-1980: actriz
- Etienne Lenoir, 12-01-1822: ingeniero, creador del motor de combustión interna
- Henry Miller, 26-12-1891: escritor
- Iker Jiménez, 10-01-1973: periodista
- Imperio Argentina, 26-12-1906: actriz y cantante
- Jeff Bezos, 12-01-1964: fundador y presidente de Amazon. com

- Jesús del Pozo, 24-12-1946: diseñador de moda
- Joan Manuel Serrat, 27-12-1943: cantautor
- Jonathan Borofsky, 24-12-1942: pintor y escultor
- Juan Carlos I, 05-01-1938: rey de España
- Juan Ramón Jiménez, 24-12-1881: escritor
- Juan Trigo, 24-12-1944: ingeniero industrial y astrólogo
- Kevin Costner, 18-01-1955: actor
- Manuel Azaña, 10-01-1880: político y presidente de la Segunda República española
- Mel Gibson, 03-01-1956: actor
- Moncho Borrajo, 24-12-1949: actor y humorista
- Paz Vega, 02-01-1976: actriz
- Ricky Martin, 24-12-1971: cantante

Acuario

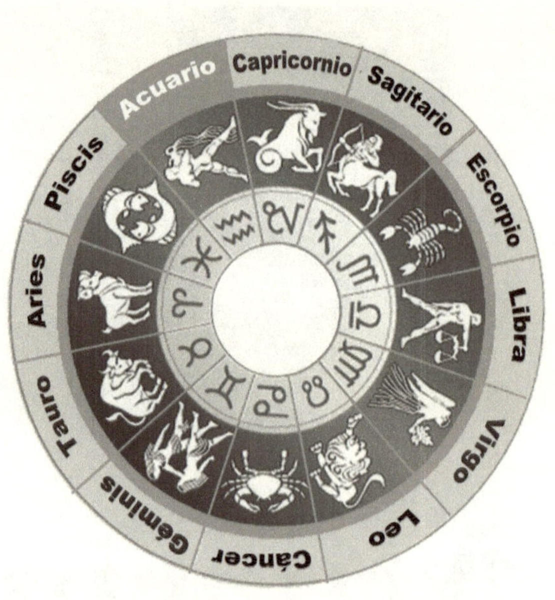

Acuario
Capricornio
Sagitario
Escorpio
Piscis
Libra
Aries
Virgo
Tauro
Leo
Géminis
Cáncer

ACUARIO

21 de enero al 22 de febrero

La Verdad os hará libres

Elemento: Aire

Símbolo: ♒

Color: Índigo, narrón oscuro

Planeta regente: Saturno

Gemas: Ópalo, perla negra

Metal: Platino o plomo

Día de la semana: Sábado

Números de la suerte: 4 y 11

SÍMBOLOS DE ACUARIO Y SATURNO

Está representado por unas líneas onduladas que se asemejan a las ondas de Agua ♒. Pero estas ondas proceden del Aguador, figura de un hombre que vierte el Agua de un cántaro sobre la Tierra. Se dice que esta Agua es aérea y etérea, son los fluidos celestes, y se destinan más a apagar la sed del alma que la del cuerpo.

Simboliza la amistad y la fraternidad universal, la cooperación, la vida social en contraposición a la individual, la razón universal.

En Saturno tenemos una cruz sobre un semicírculo: ♄. Lo material (la cruz) encima, pero aquí está sobre el alma (el semicírculo), que forma una trinidad con el espíritu y el cuerpo. Podemos interpretar que el egoísmo predomina sobre el bien, los deseos se inclinan hacia el materialismo. Saturno en un horóscopo representa, entre otras cosas, al materialista. Digamos que, en sentido positivo, el individuo se aleja de lo espiritual para estudiar a fondo la materia y encontrar la quintaesencia que lo mueve, que no será ni más ni menos que el alma de las cosas.

PERSONALIDAD

Los Acuario interiorizan el contenido mental, lo cual crea genios, científicos, personas que aplican la razón y la lógica a todos sus actos. Suelen ser altruistas progresistas, originales, independientes. Deben superar la rebeldía contra lo establecido, las ideas subversivas, la insociabilidad.

Está representado por un hombre que vierte el contenido de un jarrón sobre la Tierra, conocido como el aguador. Ya hemos visto que este Agua no es terrestre, sino celeste, y que se destina a apagar más bien la sed del alma. Es el Agua del conocimiento y las experiencias que este signo necesita llenar para depositarla en la Tierra, es decir, para beneficio de la Humanidad. En este sentido, Acuario será aquel que, mediante sus actos y comportamiento, trae a los hombres el alimento espiritual que necesitan para apagar la sed de conocimiento que demandan sus almas.

En este sentido, se interesará siempre por el progreso de la Humanidad y hará lo posible porque así sea. Procurará estar ahí donde se necesita un conocimiento que sobrepase las barreras de lo conocido, que sea vanguardista. Por eso, la mayoría de las veces podremos encontrarlo en sitios donde pueda impartir este conocimiento que él intuye. Será el científico, el profesor de literatura, de política; el artista, etc.

Acuario es un signo intelectual, y los nacidos en él, poseen por lo general una buena mentalidad, que no se queda en lo básico de las cosas, sino que profundiza en ellas hasta encontrar la quintaesencia.

En la rueda astrológica se sitúa en la casa XI, la cual representa a la Humanidad, los amigos, los protectores. Así Acuario tienen un alto sentido de la Humanidad en general y de los amigos en particular, a los cuales valora por encima de otras cosas que consideran menos importantes. También muchos nativos de este signo se convierten en protectores de las personas de su entorno. Incluso, a veces, en verdaderos mecenas que financian obras importantes que puedan hacer avanzar a la Humanidad y dar algún paso en favor del progreso.

La rutina y la monotonía no son de su agrado, así que buscará siempre salir de ellas de cualquier forma, lo que, algunas veces, les llevará a hacer cosas que para la mayoría de los mortales son extravagantes o inadecuadas.

Una vez que se ha formado una opinión sobre alguien o algo en particular le será muy difícil cambiarla, Siendo un signo fijo, aunque sea de Aire (que suelen ser más razonables), no dejará que otro le haga cambiar de parecer tan fácilmente.

Son pacíficos y disfrutan haciendo cosas que puedan hacer más felices a los demás. Huyen de la violencia como «ánima que lleva el Diablo». Una forma de actuar que puede llevar a pensar a los demás que son cobardes, pero lo que ocurre es que son muy miedosos y no soportan la violencia. En este sentido, harán todo lo posible porque en su entorno se respire paz y tranquilidad. Si pudieran, harían de la Tierra un paraíso, y a menudo lo intentan desde su medioambiente, pues consiguen crear un lugar donde la violencia y los «malos rollos» no tengan cabida.

Su principal trabajo consiste en hacer que la libertad, la paz y el altruismo sean una realidad en todo el mundo, aunque muchas veces, para conseguirlo, haga cosas que traspasen los límites de la Ley Cósmica.

Le gustan las reuniones, las organizaciones y los grupos donde se debaten y se estudian nuevas ideas. Pero debe tener especial cuidado en no dar por válidas y bienhechoras para la Humanidad ideas perversas, por muy adelantadas que parezcan a simple vista.

CUALIDADES A DESARROLLAR

Amistad.
Independencia.
Libertad.
Intelectualidad.
Altruismo.
Fraternidad Universal.
Tolerancia.
Lógica, razón.
Ciencia.
Humanidad.

DEFECTOS A SUPERAR

Insociabilidad.
Ideas subversivas.
Obstinación.
Excentricidad
Radicalismo.
Intolerancia.
Rebeldía.
Frialdad.
Timidez.

AMOR Y COMPATIBILIDAD

Acuario en el amor es bastante sorprendente. Nunca se sabe muy bien a qué atenerse cuando se tiene de pareja a este signo. No se atiene a normas sociales, más bien es de concepciones libres e independientes. Lo que para otros puede suponer un freno, por el «qué dirán» o por determinadas costumbres que no están muy bien vistas en la sociedad, para ellos no supone ningún pudor. Son capaces de aparecer sin avisar en la casa de la persona que aman y, con las mismas, proponerle ir a tomar una coca-cola mientras vislumbran la puesta de sol esa misma tarde. O llamarla por teléfono a horas que no son normales para darle una sorpresa

Nunca resulta monótona la relación con un Acuario, pues siempre busca, desde la libertad que caracteriza al signo, algo original con lo que sorprender a la pareja. Para él no existen convencionalismos, normas sociales ni horarios.

No soporta que nadie intente tenerle en exclusiva, ya que quien lo haga sufrirá tremendas desilusiones, pues, por encima de todo, quiere seguir conservando su independencia sin ataduras ni pactos de convivencia. Todo aquel que quiera tenerle bajo su dominio, saldrá mal parado, ya que podría incluso perderlo como pareja.

La relación de convivencia o matrimonial seguirá estas mismas normas de libertad. Y es incluso posible que inunde la casa de amistades muy a menudo, ya que para él es muy importante la amistad y realmente se siente feliz entre un grupo de amigos.

Cualquiera que quiera tener de pareja a Acuario deberá acostumbrarse, pues, a esta manera de ser y no protestar ante sus gustos excéntricos, sus comportamientos desconcertantes y su franqueza, que a menudo podrá ser áspera, rígida y cortante.

El amor en Acuario puede concebirse de manera muy distinta del común de los mortales. Para él, no se trata de algo sentimental o pasional hacia alguien en particular, sino más bien de una amistad íntima con la que vivir muchas cosas, un compañero o compañera de viaje con el cual compartir gustos y aficiones. El sexo y los sentimientos serán importantes, pero no dejará que acaparen toda su existencia, sino que buscará en su pareja al complemento intelectual en la búsqueda de objetivos comunes.

Por supuesto, en una relación con Acuario puede haber más o menos movimiento, pero nunca será aburrida.

ACUARIO - ACUARIO

Las personas influenciadas por el mismo signo pueden armonizar, pues ambos poseen los mismos gustos y aficiones; comparten los mismos puntos de vista y les atraen los mismos temas.

Pueden entenderse perfectamente en la relación de pareja, aunque ambos la basarán en la libertad recíproca y la amistad. Serán grandes amigos, sin ataduras ni imposiciones de ningún tipo.

Su hogar parecerá más bien una sala de reuniones de amigos; encuentros y presentaciones de unos a otros; charlas, tertulias, fiestas...

Ante los ojos de los demás será una relación austera, fría, falta de demostraciones cariñosas, pues no se darán a las exhibiciones públicas de ternura, ya que las considerarán pueriles.

La vida sexual pasará a segundo plano, sin que se le dé por ambas partes demasiada importancia. A veces, incluso, si hay algún problema por ese motivo, sin preocuparse en exceso, dejan que se arregle por sí solo.

ACUARIO - PISCIS

Relación que puede resultar difícil debido a la incompatibilidad de caracteres. Acuario es un signo de Aire, relacionado con la razón y la lógica. Piscis es de Agua, y se relaciona con los sentimientos. Esto se traducirá en la vida práctica por diversos choques de incomprensión del uno hacia el otro.

Acuario se mostrará franco, directo y cortante, con afirmaciones un tanto bruscas para el carácter pisciano, que recibirá este comportamiento como una ausencia de amor y delicadeza emocional por parte de su pareja, cosa que le dolerá especialmente. Por su parte, Acuario no entenderá muy bien que Piscis sea tan afectivo y emocional, y le irritará bastante que se aflija tanto y por cualquier cosa. Pero le costará mucho consolarlo, ya que sus palabras se dirigirán a la razón, lo que no ayudará a Piscis.

En el amor ocurrirá un poco lo mismo. Acuario esperará de Piscis una relación cerebral, racional, más de amistad. Piscis, por su parte, buscará en su pareja el romanticismo, el apoyo sentimental, los buenos sentimientos...

Pueden encontrar cierta armonía si se proponen un objetivo común de ayuda a la Humanidad, pues Acuario desarrollará su potencial social y humanitario; y Piscis podrá trabajar en la vocación que le caracteriza de ayuda al prójimo, al pobre, al enfermo, con abnegación.

SALUD

Acuario rige las piernas, hasta los tobillos. También tengamos en cuenta el signo opuesto, que es Leo, el cual rige la circulación sanguínea y el corazón. Por tanto, las aflicciones o malos aspectos de los planetas sobre este signo pueden llegar a producir las distintas dolencias que afectan a estas zonas del cuerpo:

Flebitis, Dolores de piernas, varices, úlceras varicosas, hinchazón de tobillos o piernas, calambres, debilidad cardiaca, mala circulación de la sangre, esguinces, torcedura de tobillo, etc.

Por lo tanto, deberá tener especial cuidado con estas zonas de su cuerpo y prestarles más atención de lo normal, y no abusar sobrecargándolas o sobreexcitándolas.

Cuando se producen malos aspectos sobre Acuario da lugar a todos los problemas relacionados con una mala administración de la energía del signo y de Saturno, planeta que lo rige. Si quiere evitarlos, debe tener especial cuidado y tomar conciencia de cómo está trabajando dicha energía. Por ejemplo, la mala administración de esta energía se traduce por comportarse con los demás con los peores defectos del signo: materialismo, dureza excesiva, castigos severos, restricciones... y sobre todo, debe combatir la avaricia y huir del materialismo. Si quiere recuperar la salud, debe evitar al máximo este tipo de comportamientos.

TRABAJO

Acuario necesita desplegar su potencial científico e inventivo que posee.

Así pues, se sentirá bien realizando trabajos donde pueda demostrar su ingenio y sus ideas nuevas y revolucionarias. En este sentido, podría disfrutar en empleos como los siguientes:

Profesiones progresistas.

Informático.

Electricista.

Radiotelegrafista.

Inventor.

Sociólogo.

Científico.

Aviador.

Matemático.

Astrólogo.

Nuevas tecnologías...

PERSONAS CÉLEBRES NACIDAS EN ACUARIO

- Ariadna Gil, 23-01-1969: actriz española
- Cristiano Ronaldo, 05-02-1985: futbolista portugués
- Elvira Lindo, 23-01-1962: escritora española
- Félix Candela, 27-01-1910: arquitecto e ingeniero español
- Friedrich Schelling, 27-01-1775: filósofo alemán
- Geena Davis, 21-01-1956: actriz estadounidense
- Isabel Preysler, 17-02-1951: modelo filipina
- Javier Gurruchaga, 12-02-1958: cantante español
- Joaquín Sabina, 12-02-1949: cantautor español.
- Lewis Carroll, 27-01-1832: lógico, matemático, fotógrafo y novelista británico
- Mischa Barton, 24-01-1986: actriz británica
- Mónica Molina, 24-01-1968: cantante española
- Mozart, 27-01-1756: compositor austriaco
- Paris Hilton, 17-02-1981: actriz y cantante estadounidense
- Plácido Domingo, 21-01-1941: Tenor español
- Príncipe Felipe: 30-01-1968: Príncipe de Asturias
- Samuel Chao Chung Ting, 27-01-1936: físico chino estadounidense, Premio Nobel de Física en 1976
- Shakira, 02-02-1977: cantante colombiana
- Yaser Arafat, 17-02-1929: antiguo líder de la OLP

Piscis

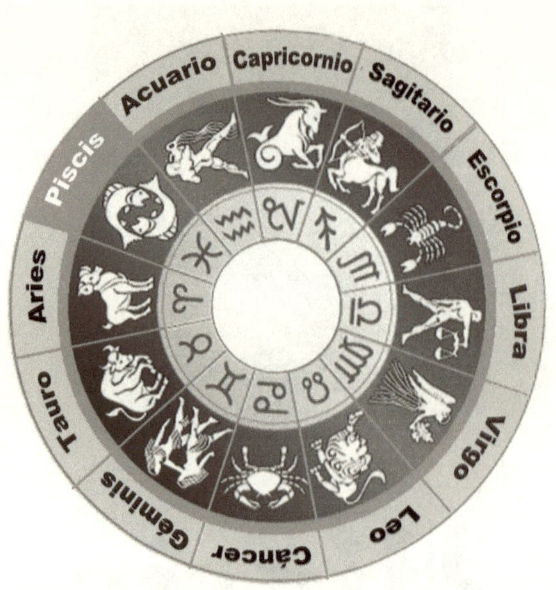

PISCIS

20 de febrero al 20 de marzo

Expresión de los sentimientos

Elemento: Agua

Símbolo: ♓

Color: Azul oscuro, violeta

Planeta regente: Júpiter

Gemas: Crisolita, coral

Metal: Estaño

Día de la semana: Jueves

Números de la suerte: 7 y 12

SÍMBOLOS DE PISCIS Y JÚPITER

El signo se representa mediante dos peces unidos por la cola que intentan nadar en direcciones opuestas: ♓. Simboliza el psiquismo, el misticismo el agua de los mares, la profundidad, el inconsciente colectivo que expresa el cambio de sentido del movimiento solar: ascendente y descendente.

Su planeta regente es Júpiter, que consta de un semicírculo sobre una cruz: ♃. Esto nos da la idea de que el alma (el semicírculo) está por encima de lo material (la cruz). El bien común predomina sobre el egoísmo y los deseos materialistas. Júpiter en un horóscopo es la alegría, el optimismo, la bondad, la expansión, la abundancia...

PERSONALIDAD

Piscis es el tercero de los signos de Agua, elemento relacionado con los sentimientos. Simboliza el agua del mar, donde van a parar el agua de la lluvia (Cáncer) y el agua de los ríos (Escorpio). En este signo, pues, es donde se exterioriza el sentimiento. Por eso los Piscis suelen tener un carácter cariñoso y cercano. En otras épocas, los hombres Piscis sufrían las consecuencias de no poder expresarse sentimentalmente, ya que estaba mal visto por una sociedad demasiado machista que no dudaba en tachar de «nenaza» a los hombres que se expresaban sentimentalmente o lloraban cuando sentían alguna pena. Hoy, gracias a Dios, esto ha quedado como cosa del pasado y el que un hombre exprese sus sentimientos está mejor visto y, a veces, hasta se prefiere un hombre sensible a uno más duro y que esconda lo que siente.

Esconder los sentimientos y no expresarlos es el origen de un montón de enfermedades psicológicas. Y en un Piscis, que se considera el signo de expresividad sentimental por antonomasia, es todavía peor.

Por todo lo dicho, el Piscis no debe reprimir sus sentimientos. Debe expresarlos siempre que se presente la ocasión, ya que es su verdadero trabajo en esta vida.

Teniendo en cuenta todo lo que antecede, podemos entender un poco mejor la personalidad de Piscis: cariñosos, sensibles, emotivos, alegres, impresionables, soñadores, creativos, espirituales y místicos.

Como tienden a ser bastante impresionables a su entorno, les conviene frecuentar buenas compañías, ya que, con su capacidad de mimetismo, puede copiar la personalidad de sus amistades y convertirse en lo que no es.

El dicho: «Dime con quién andas y te diré quién eres», se hace realidad principalmente en Piscis.

Ya hemos dicho que este signo se mueve en un elemento acuoso que está representado por el mar, que ha sido interpretado como el símbolo del alma. Por eso Piscis es un especialista en todo lo que tiene que ver con el estudio del alma y su profundidad.

En este sentido, puede llegar a ser tan misterioso como el alma humana. No importa lo que diga o haga, cualquiera que lo escuche advertirá en él una profundidad misteriosa e inquietante que le impresionará.

Por ser un signo sentimental, su comportamiento no se ajustará a la lógica convencional. La mayoría de las veces tendrá salidas inesperadas, que incluso pueden parecer ilógicas o fuera de contexto a su interlocutor.

Por otro lado, es abnegado, sacrificado y servicial. Esta personalidad no convencional, sobre todo en el mundo egoísta y materialista en el que vivimos, dejará a muchos boquiabiertos y sorprendidos, pues no comprenderán muy bien por qué lo hace, incluso cuando cierta gente suele tener tendencia a sobrepasarse y abusar de su buena fe. Sin embargo, para él será una manera de actuar normal, pero eso no quiere decir que no se dé cuenta de quiénes se portan de una manera u otra.

Como vive en un mundo de deseos, cualquier deseo que tenga deseará satisfacerlo, así que le seria más beneficioso cultivar buenos y saludables deseos antes que verse esclavizado por aquellos que pueden convertirse en malos hábitos, como la tendencia a caer en las drogas y el alcoholismo (por ejemplo), que este signo, más que ningún otro, debería evitar.

Como signo místico y espiritual, le atraerá todo lo relacionado con la vida en el Más Allá y la religión, por lo que muchas veces se encuentra a muchos nativos ejerciendo de médium o conectándose con entidades del Mundo Espiritual. En este sentido, deben tener cuidado con la mediumnidad negativa. Más vale no practicar ningún tipo de contacto que conectar con entidades indeseables del bajo astral.

CUALIDADES A DESARROLLAR

Misticismo.
Abnegación.
Renunciamiento.
Piedad.
Compasión..
Emoción.
Sacrificio.
Intuición.
Amor por la música.
Talento artístico.

DEFECTOS A SUPERAR

Timidez.
Pesimismo.
Mediumnidad negativa.
Tendencia a la bebida o drogas.
Infidelidad.
Represión emocional.
Charlatán.
Melancolía.
Indolencia.
Insensibilidad.

AMOR Y COMPATIBILIDAD

Es muy sentimental, se aferra al ser amado y busca cualquier excusa para complacerle. En sus manifestaciones amorosas es envolvente, siempre atento a los menores detalles y cualquier cosa que necesite su pareja con tal de complacerla. No dudará en sacrificarse por la felicidad de su ser amado, cuidará de que se encuentre seguro y velará por su de salud.

Es tan sensible, que cualquier cosa que pueda suceder a su pareja la sentirá como propia y quizá llegue a sufrirlo con más intensidad que ella. En este sentido, una pareja de un Piscis, si tiene habilidad, puede llegar a explotar el tema frecuentemente y abusar de su ingenuidad.

Por tal motivo, el nativo de este signo no debería preocuparse con exceso por su pareja, sobre todo si nota que esta está abusando de su manera de ser. Pues, aunque es abnegado y sacrificado, se da perfecta cuenta cuando alguien trata de abusar y se está sobrepasando.

Son muy románticos y tienden a idealizar en exceso a la persona amada. En este sentido, todo elogio, piropo o poesía dedicado a ella le parecerá poco.

Muchos nativos pueden tener amores secretos que existen solo en su imaginación. A veces, son amores imposibles, seres inaccesibles, como estrellas de cine o cantantes de fama. Otras veces son personas de su entorno, las cuales puede que nunca se enteren porque, debido a su timidez, nunca no se lo dirá .

Las personas poco evolucionadas de Piscis pueden llegar a frecuentar antros de baja estopa donde se practique todo tipo de malas costumbres y baja moralidad, como prostitución, drogas y cosas por el estilo, que retrasarán aún más su evolución.

Algunos seres evolucionados de este signo pueden amar tanto a la Humanidad y a los seres que les rodean, que su pareja puede incluso llegar a sentirse celosa, o incluso que a veces que se pasa en su amor hacia el prójimo, cosa que le reprochará. Pero cuando llegue a comprender que su manera de ser es amorosa y cariñosa para con todos los seres, sin condiciones, entonces le comprenderá y le animará a que lo siga haciendo.

PISCIS - PISCIS

Dos naturalezas iguales emotiva y sentimentalmente hablando. Por tanto, pueden armonizar muy bien, pues ambos sentirán lo mismo y su afán por satisfacerse será grande.

Los dos son románticos y buscan la felicidad sin complicarse en dramas de ningún tipo. Su personalidad similar en cuanto al gusto por una vida simple y austera, su amor por el prójimo y los animales, su necesidad de una relación afectiva y sentimental, su misticismo y espiritualidad... pueden ser los ingredientes para una vida en común duradera y feliz.

El único problema al que pueden enfrentarse es a la falta de sentido práctico en su quehacer cotidiano, lo que podría provocar dificultades que ensombrezcan la felicidad.

En efecto, como los dos son de tipo romántico y emocional, la falta de previsión en los gastos y la organización familiar, podría provocar algún que otro conflicto, lo que podría evitarse haciendo un pequeño esfuerzo y controlan el exceso y mala organización que pueda haber en este sentido.

SALUD

Piscis rige los pies y la glándula pituitaria. Por simpatía con su opuesto: Virgo, también, a veces Piscis se queja de las dolencias en las partes regidas por él, como son los intestinos. Por negativa tendencia hacia los estimulantes, puede caer en algunos vicios enfermizos como el alcohol o las drogas. Por tanto, las aflicciones o malos aspectos de los planetas sobre Piscis pueden llegar a producir las distintas dolencias que afectan a estas zonas del cuerpo:

Deformación de pies, juanetes, pie de atleta, callos, dolores de pies, alcoholismo, drogadicción, hidropesía, afecciones intestinales, etc.

Por lo tanto, deberá tener especial cuidado con estas zonas de su cuerpo y prestarles más atención de lo normal, y no abusar sobrecargándolas o sobreexcitándolas. Debe dominar cualquier tendencia hacia los excesos o vicios de cualquier tipo.

Cuando se producen malos aspectos sobre Piscis da lugar a todos los problemas relacionados con una mala administración de la energía de Piscis y de Júpiter, planeta que rige el signo. Si quiere evitarlos, debe tener especial cuidado y tomar conciencia de cómo está trabajando dicha energía. Por ejemplo, la mala administración de esta energía se traduce por comportarse con usted mismo y con los demás con los peores defectos del signo: infidelidad, tendencia a los vicios o drogas de cualquier tipo, indolencia... Si quiere recuperar la salud, debe evitar al máximo este tipo de comportamientos o hábitos.

TRABAJO

Piscis necesita trabajar en profesiones donde pueda desarrollar su potencial, que, por lo general, está relacionado con la exteriorización de los sentimientos, la intuición y el misticismo. También con la abnegación y el altruismo. Cualquier trabajo relacionado con todo lo anterior le irá bien:

Los empleos de escritor de novela rosa, cuentos o temas espirituales y religiosos; vidente; profesiones relacionadas con el cuidado de los animales; astrólogo; músico; asistente social; funcionario de prisiones; artistas; taberneros; comerciantes; poetas; pescadores; trabajos relacionados con el mar; médicos; sanadores, enfermeros; empleados domésticos; etc.

PERSONAS CÉLEBRES
NACIDAS EN PISCIS

- Ana García Obregón, 18-03-1959: actriz
- Anaïs Nin, 21-02-1903: escritora franco-estadounidense
- Arthur Schopenhauer, 22-02-1788: filósofo alemán
- Bruce Willis, 19-03-1955: actor
- Cindy Crawford, 20-02-1966: actriz y modelo
- Drew Barymore, 22-02-1975: actriz
- Felipe González, 05-03-1942: político y presidente del Gobierno español
- Francisco Ibáñez, 15-03-1936: historietista español
- Frédéric Chopin, 01-03-1810: compositor polaco
- Javier Bardem, 01-03-1969: actor
- José Mª Aznar, 25-02-1953: político y presidente del Gobierno español
- Liza Minnelli, 12-03-1946: actriz
- Luis Buñuel, 22-02-1900: director de cine
- Manuel Gila, 12-03-1919: humorista
- Nacho Cano, 26-02-1963: músico español
- Sara Montiel, 10-03-1928: actriz y cantante
- Sharon Stone, actriz, 10-03-1958: actriz, modelo y productora
- Victor Hugo, 26-02-1808: escritor francés

CÓMO HACER AMULETOS Y TALISMANES

Los amuletos o talismanes deben fabricarse con todos o parte de los elementos relacionados con el signo (véase la primera página de cada signo). En particular, con las gemas, los metales y los colores. Por ejemplo:

Elegiremos las gemas y los metales de nuestro signo y con ellos podemos fabricar los amuletos que se nos ocurran o simplemente los llevaremos encima, en el bolsillo o bien como colgante, llavero, etc. También se puede hacer una bolsita del color del signo, poner todos estos elementos dentro y llevarlo como amuleto.

Elegiremos los colores de nuestro signo y los utilizaremos preferentemente en ropas o cualquier cosa que los destaquen.

El día de la semana de nuestro signo será elegido para comenzar todo tipo de proyectos y acontecimientos en los que queramos tener un efecto favorable. Hemos de tener en cuenta que esto debe hacerse siempre con absoluto respeto al prójimo y nunca para perjudicarlo.

Los números de la suerte y todos sus múltiplos también se pueden utilizar para muchas cosas, como proyectos, números de vivienda, locales, etc. Para jugar a la lotería y todas aquellas cosas que se nos puedan ocurrir para atraer la prosperidad a nuestras vidas.

Hay que tener en cuenta que un amuleto o talismán por sí solo no sirve para nada si no le acompaña una actitud positiva y favorable del individuo y un deseo de avanzar en un camino altruista y benevolente hacia los demás. De esta forma, atraerá a su vida las energías favorables procedentes de las entidades espirituales que operan en su signo del Zodiaco, y que mostramos a continuación.

Los Ángeles

en los signos

Los nueve Coros Ángélicos se mueven en torno a la esfera central, que representa a la Divinidad.
Ilustración de Gustavo Doré para la obra de Dante Alligeri *La Divina Comedia*.

La esfera del Zodiaco mide 360 grados de longitud, que se divide entre los doce signos del Zodiaco, dando como resultado un espacio de 30 grados de longitud a cada signo.

Dentro de estos 30 grados tienen su domicilio y radio de acción 6 ángeles conocidos en la Tradición como genios de la Cábala, a razón de 5 grados por ángel.

Los nativos de los distintos signos del Zodiaco tendrán uno u otro ángel guardián dependiendo de la fecha en la que hayan nacido dentro de este radio de acción. Cada ángel es portador de unas enseñanzas y unas virtudes, que se resumen principalmente en la esencia y la clave. Con este ángel cada signo, podrá comunicarse en cualquier momento para pedirle que le ayude en su acción cotidiana y cumplir así con el objetivo de su Yo Superior.

ÁNGELES DE ARIES

Vehuiah, del 21 al 25 de marzo (0 a 5 grados de Aries)

Enseñanzas y virtudes: Mucha energía y fuerza de voluntad para ejecutar y transformar cualquier cosa; espíritu sutil; sagacidad para descubrir los engaños y las trampas; apasionamiento por las ciencias y las artes; gusto por la aventura, la acción y el riesgo; iluminación divina; protección contra la turbulencia, el pronto y la cólera.

Esencia: VOLUNTAD.

Clave: *Energía y fuerza de voluntad para poder transformar cualquier cosa.*

Jeliel, del 26 al 30 de marzo (5 a 10 grados de Aries)

Enseñanzas y virtudes: Obediencia a los reyes y a los gobernantes legítimos; paz entre esposos y fidelidad conyugal; fecundidad; espíritu jovial, agradable y galante; inspira amor y pasión entre los sexos; restablece la armonía entre los jefes y los empleados; protección contra los que nos atacan injustamente; calma en las sediciones populares.

Esencia: AMOR-SABIDURÍA.

Clave: *Amor y Sabiduría para restablecer el equilibrio entre las partes enfrentadas.*

Sitael, 31 de marzo al 5 de abril (10 a 15 grados de Aries)

Enseñanzas y virtudes: Empleos con responsabilidades ejecutivas; ayuda a ingenieros y arquitectos; superación de situaciones adversas; protección contra las armas y las fuerzas del mal; ayuda para ser fiel a la palabra dada y hacer frente a los compromisos; protección contra la hipocresía, la ingratitud y el perjurio.

Esencia: VOLUNTAD CONSTRUCTORA.

Clave: *Construir de acuerdo con el Orden Cósmico.*

Elemiah, del 5 al 10 de abril (15 a 20 grados de Aries)

Enseñanzas y virtudes: Protección en los viajes y las expediciones marítimas; descubrimientos que pueden ser de gran utilidad; éxito y felicidad en la profesión; tranquilidad de espíritu; descubrimiento de traidores; protección contra la mala educación y la tentación de poner obstáculos en las empresas.

Esencia: PODER DIVINO.

Clave: *Construir en la Tierra el Mundo Divino y paz sentimental.*

Mahasiah, del 10 al 15 de abril (20 a 25 grados de Aries)

Enseñanzas y virtudes: Vivir en paz con todo el mundo; capacidad para aprender las Altas Ciencias, la Filosofía Oculta, la

Teología y las Artes Liberales; aprendizaje fácil de cualquier cosa que se desee; buen carácter y belleza; protección contra el libertinaje y las malas cualidades de cuerpo y alma.

Esencia: CAPACIDAD PARA RECTIFICAR.

Clave: *Capacidad para rectificar cualquier error antes incluso de llegar a cometerse.*

Lelahel, del 15 al 20 de abril (25 a 30 grados de Aries)

Enseñanzas y virtudes: Adquirir luz (entendimiento) y curar enfermedades; amor, fama y fortuna; adquirir conocimientos científicos y habilidad en el dominio de las artes; conseguir ser célebre por sus talentos y sus acciones; protección contra la ambición y la tentación de adquirir fortuna por medios ilícitos.

Esencia: LUZ (ENTENDIMIENTO).

Clave: *Entendimiento que permitirá comprender todas las cosas*

ÁNGELES DE TAURO

Achaiah, 21 al 25 de abril (0 a 5 grados de Tauro)

Enseñanzas y virtudes: Paciencia; descubrimiento de los secretos de la Naturaleza; propagación de las luces (el conocimiento); capacidad para trabajos difíciles; gusto por el aprendizaje de las cosas útiles; ver más allá de los hechos probados; protección contra la pereza, la negligencia y la despreocupación por los estudios.

Esencia: PACIENCIA.

Clave: *Paciencia para descubrir todo lo que hay detrás de cada cosa o problema.*

Cahetel, del 25 al 30 de abril (5 a 10 grados de Tauro)

Enseñanzas y virtudes: Bendición de Dios y liberación de los malos espíritus; buenas cosechas agrícolas y éxito en las labores campesinas; inspiración para elevarse hacia Dios y para darle gracias por los bienes que envía sobre la Tierra; gusto por la agricultura, el campo; mucha actividad en los negocios; protección contra la tentación de blasfemar contra Dios, los encantamientos y sortilegios que producen la esterilidad de los campos.
Esencia: BENDICIÓN DE DIOS.

Clave: *Bendición de Dios y buenas cosechas.*

Haziel, 1 al 5 de mayo (10 a 15 grados de Tauro)

Enseñanzas y virtudes: Misericordia de Dios; la amistad y el favor de los poderosos; la ejecución de una promesa hecha por una persona; la reconciliación con los que hemos ofendido o nos han ofendido; la buena fe, la sinceridad en las promesas; el perdón; protección contra el odio, la hipocresía y el engaño.
Esencia: MISERICORDIA DE DIOS.
Clave: *Misericordia, favor de los poderosos y reconciliación.*

Aladiah, del 6 al 11 de mayo (15 a 20 grados de Tauro)

Enseñanzas y virtudes: Curación de enfermedades; gracia de Dios; regeneración moral; buena salud; el perdón de las malas acciones que se hayan cometido; contacto con personas influyentes; empresas exitosas que le harán feliz y serán estimadas por muchos; protección contra la negligencia, el descuido en la salud y los negocios.
Esencia: GRACIA DIVINA.
Clave: *Gracia Divina y buena salud, y borra las deudas contraídas.*

Lauviah, del 12 al 16 de mayo (20 a 25 grados de Tauro)

Enseñanzas y virtudes: Protección contra el rayo, las tempestades naturales y morales; obtención de la victoria; consecución de fama; sabiduría; obtención de celebridad gracias al talento; protección contra el orgullo, la ambición y la calumnia.
Esencia: VICTORIA.
Clave: *Victoria para vencer en todos los problemas cotidianos.*

Hahaiah, del 17 al 21 de mayo (25 a 30 grados de Tauro)

Enseñanzas y virtudes: Resolución de los conflictos y adversidades de todos los que les pidan ayuda y socorro, interpretación de sueños, símbolos y señales de la vida cotidiana. Sabiduría, espiritualidad y discreción, intachable reputación; buenas costumbres; afectuosidad y cordialidad; paz y armonía; protección contra la indiscreción, la mentira y los abusos de confianza.
Esencia: REFUGIO.
Clave: *Energía y fuerza para solucionar cualquier conflicto.*

ÁNGELES DE GÉMINIS

Iezalel, del 22 al 26 de mayo (0 a 5 grados de Géminis)

Enseñanzas y virtudes: Adquirir buenas y sólidas amistades; ayuda e inspira a escritores y artistas para que tengan éxito en sus empresas; enseña cómo ser un buen orador y comunicador. Instruye a los políticos sobre la forma en que deben hacer política e incrementar su oratoria; da una buena memoria y una gran capacidad de percepción, así como un excelente ingenio; proporciona la relación con personas importantes, de las cuales recibirá favores y ayuda; asegura el amor para la persona y la fidelidad conyugal; y revela los planes secretos de sus enemigos antes de que los lleven a cabo.

Esencia: FIDELIDAD.

Clave: *Fidelidad que hará tener sólidas y buenas amistades.*

Mebahel, desde el 27 al 31 de mayo (5 a 10 grados de Géminis)

Enseñanzas y virtudes: Victoria frente al enemigo, Justicia, Verdad y Libertad para liberar a los oprimidos y prisioneros que han sido puestos en la cárcel injustamente; protección de los inocentes; amor por la jurisprudencia y distinción en su ejercicio; protección de los inocentes, reconquista de lo perdido injustamente; ideas para realizar planes de paz; telepatía.

Esencia: VERDAD, LIBERTAD Y JUSTICIA.

Clave: *Verdad, Libertad y Justicia para tener éxito en la acción cotidiana.*

Hariel, Del 1 al 6 de junio (10 a 15 grados de Géminis)

Enseñanzas y virtudes: Filosofía oculta, magia y cábala; conocimiento de artes y ciencias; descubrimientos útiles e importantes; métodos de autoprotección; amor por la paz y fórmulas y mecanismos para llevarla allí donde se encuentre la persona que esté bajo su influencia; protección contra las falsas creencias y los enemigos del bien; convencimiento para volver a la fe; liberación de malos hábitos y purificación de las costumbres. Si se necesita la protección de personas importantes, este ángel también se la proporcionará.

Esencia: PURIFICACIÓN.

Clave: *Herramientas para poder desprenderse de hábitos negativos.*

Hakamiah, Del 7 al 11 de junio (15 a 20 grados de Géminis)

Enseñanzas y virtudes: Lealtad, honor, renombre, gloria y riquezas; protección y favores de los reyes y altos dignatarios; descubrimiento de los traidores; remedios para la infertilidad femenina y confección de amuletos para este fin; victoria contra los enemigos; el favor de grandes personajes; protege contra las asechanzas de los rebeldes y los traidores.

Esencia: LEALTAD.

Clave: *Lealtad, honor y renombre hacia todo lo que es noble y elevado.*

Lauviah, Del 12 al 16 de junio (20 a 25 grados de Géminis)

Enseñanzas y virtudes: Paz de espíritu y sueño reparador; reanudar antiguas amistades; sueños proféticos; descubrimientos e inventos maravillosos en ciencia y tecnología, sobre todo en química y electricidad; intuición y gusto por la música, la poesía y la literatura, donde, si se aplica, puede alcanzar fama y renombre; percepción de la verdad interna y capacidad para distinguir lo falso.

Esencia: REVELACIÓN.

Clave: *Paz de espíritu y revelaciones maravillosas, que permitirán comprender las cosas al instante.*

Caliel, del 17 al 21 de junio (25 a 30 grados de Géminis)

Enseñanzas y virtudes: Ayuda inmediata en las adversidades; conocer la verdad en los juicios y hacer que triunfe el inocente; confusión de los culpables y falsos testigos; gusto por la verdad; distinción en la magistratura; protección contra el escándalo y hombres viles y deshonestos; capacidad para conocer las hierbas y las piedras preciosas para usarlas en métodos curativos; conocimientos de cábala y ciencias mágicas; protección contra los escándalos y los hombres viles

Esencia: JUSTICIA.

Clave: *Justicia y ayuda inmediata en las adversidades.*

ÁNGELES DE CÁNCER

Leuviah, del 22 al 27 de junio (0 a 5 grados de Cáncer)

Enseñanzas y virtudes: Amabilidad; jovialidad; ayuda en la adversidad; Gracia de Dios para la fecundidad; buena memoria, inteligencia, modestia en la forma de hablar; energía para soportar las adversidades con resignación y paciencia; buen juicio; energía para contagiar el amor por los métodos cabalísticos; protección contra la desesperanza, la tristeza y el desenfreno.

Esencia: INTELIGENCIA EXPANSIVA O FRUCTIFICANTE.

Clave: *Inteligencia para llevar a cabo tus ideas y proyectos con éxito.*

Pahaliah, desde el 28 de junio al 2 de julio (5 a 10 grados de Cáncer)

Enseñanzas y virtudes: Ayuda a entender todos los sistemas religiosos de la Tierra; descubrimiento de las Leyes Cósmicas; la evolución del hombre; guardar castidad y comprender por qué es de utilidad para la evolución, argumentos para convencer a los incrédulos; vocación religiosa y espiritual; ayuda para llevar la verdad a los pueblos, vocación de misionero/a; protección contra las tendencias al libertinaje y al error.

Esencia: REDENCIÓN.

Clave: *Capacidad para distinguir adecuadamente lo que está bien de lo que está mal*

Nelchael, del 3 al 7 de julio (10 a 15 grados de Cáncer)

Enseñanzas y virtudes: Enseñanzas y virtudes: Afán por aprender, sobre todo, Ciencias Ocultas y Hermetismo, Astronomía, Geografía y todas las ciencias abstractas; alienta el gusto por el estudio; poder de imaginación para escribir temas ocultos; protección contra los malos espíritus; liberación de situaciones opresivas, sumisión a las leyes y a las reglas; protege contra el mal genio, la ignorancia y el error.

Esencia: AFÁN DE APRENDER.

Clave: *Ilusión y un afán por aprender todas las ciencias.*

Ieiaiel, del 8 al 12 de julio (15a 20 grados de Cáncer)

Enseñanzas y virtudes: Enseñanzas y virtudes: Respeto, fortuna, renombre y fama si lo desea; protección en los viajes por mar y los naufragios en sentido literal y figurado; favorece el comercio y los comerciantes, y las ideas liberales y filantrópicas; protege de los piratas, los ladrones; protege de los accidentes; favorece a los inventores.

Esencia: RENOMBRE.

Clave: *Fama y renombre para que todo lo que emprendas alcance un toque de perfección.*

Melahel, del 13 al 18 de julio (20 a 25 grados de Cáncer)

Enseñanzas y virtudes: Protege de las armas de Fuego y contra todo tipo de atentados; ayuda a conocer bien las plantas medicinales y a curarse y a curar a los demás con ellas; fertilidad a los campos; valor para iniciar operaciones arriesgadas y peligrosas; protección contra contagios, infecciones y enfermedades; protección en los viajes; parar las causas que pueden provocar los incendios.

Esencia: CAPACIDAD CURADORA.

Clave: *Deseo de estudiar las distintas medicinas y terapias para curar a los demás.*

Haheuiah, del 19 al 23 de julio (25 a 30 grados de Cáncer)

Enseñanzas y virtudes: Gracia y misericordia de Dios; ayuda a los prisioneros, exiliados y fugitivos a obtener el perdón de sus culpas y no comparecer ante la justicia de los hombres, a condición de no volver a cometer las mismas faltas en el futuro; protección contra los animales peligrosos, protección contra los ladrones y asesinos, y para hacer que restauren las cosas robadas; preserva contra la tentación de vivir por medios ilícitos; gusto por la verdad y las ciencias exactas; sinceridad en sus palabras y acciones.

Esencia: PROTECCIÓN.

Clave: *Gracia y Misericordia de Dios.*

ÁNGELES DE LEO

Nith-Haiah, del 24 al 28 de julio (0 a 5 grados de Leo)

Enseñanzas y virtudes: Sabiduría; descubrir la verdad en los misterios ocultos; revelaciones en sueños; sueños proféticos; influencia en los sabios y en quienes les gusta la paz, la soledad y la meditación; conocimiento de los misterios más profundos del orden cósmico y uso práctico de sus leyes; protección contra magos negros y toda clase de agentes del mal.

Esencia: SABIDURÍA.

Clave: *Sabiduría para descubrir los misterios ocultos.*

Haaiah, desde el 29 de julio al 2 de agosto (5 a 10 grados de Leo)

Enseñanzas y virtudes: Ganar los procesos y tener a los jueces a favor si el individuo está en lo correcto; atraer el favor de personas importantes; protección en la búsqueda de la verdad; poder contemplar las cosas divinas; buenos resultados en la diplomacia, la política, las relaciones con el extranjero, los mensajeros y los tratados de paz; protección contra los conspiradores y los traidores, a los cuales descubrirá antes de que puedan llevar sus planes a la práctica.

Esencia: CIENCIA POLÍTICA.

Clave: *Ser un buen conductor de los asuntos sociales.*

Ieratel, del 3 al 7 de agosto (10 a 15 grados de Leo)

Enseñanzas y virtudes: Confusión de los malvados y calumniadores; liberación de los enemigos; protección contra los que nos provocan y atacan injustamente; propagador de la Luz, la Civilización y la Libertad; gusto por la paz, la justicia, las ciencias y las artes; distinción en la literatura; aprendizaje fácil de lenguajes y símbolos; protección contra la ignorancia, la esclavitud y la intolerancia; excelente capacidad de percepción.

Esencia: PROPAGACIÓN DE LA LUZ, LA CIVILIZACIÓN Y LA LIBERTAD.

Clave: *Sabiduría divina para poder erradicar los deseos negativos.*

Seheiah, del 8 al 13 de agosto (15 a 20 grados de Leo)

Enseñanzas y virtudes: Protección contra los incendios, la ruina de los edificios, las caídas y las enfermedades; buena salud y larga vida; prudencia, buen juicio y discreción; protección providencial contra los rigores del destino; protección contra la irreflexión y las decisiones erróneas.

Esencia: LONGEVIDAD.

Clave: *Vida llena de realizaciones y capacidad para curar enfermedades.*

Reiyel, del 14 al 18 de agosto (20 a 25 grados de Leo)

Enseñanzas y virtudes: Liberación de los enemigos, tanto los visibles como los invisibles; sentimientos espirituales; sabiduría por la meditación; celo en la propagación de la verdad, oralmente y por escrito; capacidad para destruir la impiedad, los encantos y sortilegios.

Esencia: LIBERACIÓN.

Clave: *Liberación de los enemigos visibles e invisibles.*

Omael, del 19 al 23 de agosto (25 a 30 grados de Leo)

Enseñanzas y virtudes: Paciencia; consuelo para las penas y la desesperanza; amor por los animales y éxito en su curación, fecundidad en las parejas; triunfo en profesiones de médico, químico o cirujano; cosechas abundantes; protección contra la tentación de oponerse a la propagación de los seres.

Esencia: MULTIPLICACIÓN.

Clave: *Abundantes cosechas. Consuelo y esperanza.*

ÁNGELES DE VIRGO

Lecabel, 24 al 28 de agosto (0 a 5 grados de Virgo)

Enseñanzas y virtudes: El dominio sobre la vegetación y la agricultura; abundantes cosechas; gusto por la astronomía, las matemáticas y la geometría; ideas luminosas y resolución de los problemas difíciles que se plantean en la vida; ser un orador de talento; protección contra los avariciosos, los usureros y la tentación de enriquecerse por medios ilícitos.

Esencia: TALENTO RESOLUTIVO.

Clave: *Talento para solucionar cualquier problema que se te plantee.*

Vasariah, desde el 29 de agosto al 2 de septiembre (5 a 10 grados de Virgo)

Enseñanzas y virtudes: Ser un buen abogado o un juez justo; buena memoria y fluidez de vocabulario, amabilidad, espiritualidad y modestia; relaciones con la justicia y la nobleza; socorro contra los que nos atacan en justicia; ayuda contra ladrones y delincuentes.

Esencia: JUSTICIA CLEMENTE.

Clave: *Buena memoria y fluidez de vocabulario, así como capacidad para ser un buen abogado*

Iehuiah, del 3 al 8 de septiembre (10 a 15 grados de Virgo)

Enseñanzas y virtudes: Éxito en los exámenes; permite ver el pasado, presente y futuro de todas las cosas; distinguir y anular el proyecto de sus enemigos y traidores; transformar la enemistad en amistad; ser subordinado en el trabajo y en la vida social y cumplir con todos los deberes de su condición; protección contra la tentación de rebelarse y combatir los poderes legítimos; fuerza para cumplir con las obligaciones; resolución de problemas difíciles.

Esencia: SUBORDINACIÓN.

Clave: *Subordinación para distinguir cual debe ser tu lugar en tu ambiente social.*

Lehahiah, del 9 al 13 de septiembre
(15 a 20 grados de Virgo)

Enseñanzas y virtudes: Aplacar la cólera propia y de los demás, paz y armonía, buenos resultados en las peticiones a las altas jerarquías: ministros, reyes, directores; la comprensión de las leyes divinas; resistencia ante los vendavales y tormentas. Protege contra la declaración de guerras.

Esencia: OBEDIENCIA.

Clave: *Ayuda a aplacar la cólera propia y de los demás para crear un ambiente de paz y armonía.*

Chavakiah, del 14 al 18 de septiembre
(20 a 25 grados de Virgo)

Enseñanzas y virtudes: Reconciliación con los que uno ha ofendido; vivir en paz con todo el mundo; favorece la relación y la comprensión entre padres e hijos; buen reparto de la herencia entre los miembros de la familia; creación de ambientes de armonía y paz, tanto entre individuos como en pueblos, ciudades o naciones; evitar la tentación de provocar discusiones y discordia.

Esencia: RECONCILIACIÓN.

Clave: *Ayuda a reconciliarse con todos, principalmente con aquellos que se ha podido ofender.*

***Menadel, del 19 al 23 de septiembre
(25 a 30 grados de Virgo)***

Enseñanzas y virtudes: Conservar el empleo y los medios de existencia de que se dispone; liberación de hábitos viciosos; hacer salir a los presos de prisión y que los exiliados vuelvan a su patria; tener noticias de aquellos que se han alejado de nosotros y no sabemos nada desde hace tiempo; protección contra la calumnia y los calumniadores; ayuda a saber el tiempo exacto de recolección de las plantas medicinales.

Esencia: TRABAJO.

Clave: *Proporciona la claves para conservar el empleo y los medios de existencia.*

ÁNGELES DE LIBRA

Aniel, del 24 al 28 de septiembre (0 a 5 grados de Libra)

Enseñanzas y virtudes: La victoria, cuando estamos bloqueados y acosados por las circunstancias; Inspiración y talento en las ciencias y las artes y en el estudio de las leyes del Universo; revelación de los secretos de la Naturaleza; protección de charlatanes y embaucadores.

Esencia: LIBERACIÓN, ROMPER EL CERCO.

Clave: *Victoria y fuerza para romper con ideas caducas.*

***Haamiah, del 29 de septiembre al 3 de
octubre (5 a 10 grados de Libra)***

Enseñanzas y virtudes: Adquisición de todos los poderes del Cielo y de la Tierra; protección contra el rayo, las armas, los animales feroces y los espíritus primitivos, ignorantes e infernales; comprensión de los rituales y los cultos religiosos; hace que encuentren el camino los que han perdido el sentido de la vida; protección a los buscadores de la verdad.

Esencia: SENTIDO RITUAL Y CEREMONIAL.

Clave: *Medios para adquirir todos los tesoros del cielo y la Tierra.*

Rehael, del 4 al 8 de octubre (10 a 15 grados de Libra)

Enseñanzas y virtudes: Curación de enfermedades y misericordia de Dios, longevidad; amor paternal y filial; obediencia y respeto de los hijos hacia los padres, conservar la salud; amor hacia los niños; protege contra los impulsos crueles y las disputas entre padres e hijos.

Esencia: SUMISIÓN FILIAL.

Clave: *Energía y fuerza para curar las enfermedades por medio de la misericordia divina.*

Ieiazel, del 9 al 13 de octubre (15 a 20 grados de Libra)

Enseñanzas y virtudes: Liberar a los prisioneros de las cárceles; ser liberado de los enemigos; consolaciones; gusto por la imprenta y la librería; ayuda a los hombres de letras y a los artistas; inspiración para ser un buen escritor y ver editadas sus obras; protección contra la depresión, los pensamientos sombríos y el desinterés por todo.

Esencia: CONSUELO O REGOCIJO.

Clave: *Consuelo para recuperar la alegría y los ánimos perdidos.*

Hahahel, del 14 al 18 de octubre (20 a 25 grados de Libra)

Enseñanzas y virtudes: Fe en el Mundo Espiritual y en la Divinidad; Inspiración para los discursos religiosos; protege a los misioneros y a los hombres que llevan el mensaje de Dios; energía para dedicarse al sacerdocio o al servicio de Dios, influye sobre las almas piadosas; grandeza de alma, poder de persuasión.
Esencia: SACERDOCIO.
Clave: *Fe en el mundo espiritual y grandeza de alma.*

Mikael, del 19 al 23 de octubre (25 a 30 grados de Libra)

Enseñanzas y virtudes: Viajar con seguridad; suerte en la política con los reyes, los príncipes y los nobles; autoridad; diplomacia; buenos presentimientos e intuiciones; descubrimiento de los traidores antes de su actuación; curiosidad en los asuntos de estado, los gabinetes y las noticias del extranjero.
Esencia: ORDEN POLÍTICO.
Clave: *Orden y suerte para instaurar en tu ambiente social el orden que rige en los Cielos.*

ÁNGELES DE ESCORPIO

Veuliah, del 24 al 28 de octubre (0 a 5 grados de Escorpio)

Enseñanzas y virtudes: Descubrir y destruir el plan malvado que los enemigos traman contra uno; liberación de la esclavitud, de los hábitos y de las dependencias; prosperidad de nuestras empresas; paz y armonía en la sociedad; fortalecimiento de aquello que se tambalea en nuestras vidas, distinciones y triunfo en la carrera militar; confección de talismanes de protección contra los enemigos; el arte de sanar heridas mediante la magia cabalística.
Esencia: PROSPERIDAD.

Clave: *Prosperidad en las empresas, paz y armonía.*

Ielahiah, del 29 de octubre al 2 de noviembre (5 a 10 grados de Escorpio)

Enseñanzas y virtudes: Protección de los magistrados para conseguir un veredicto favorable; protección contra las armas, atentados, ladrones y delincuentes; concesión de la victoria; empresas exitosas; celebridad por sus hazañas por su talento; protección contra los impulsos violentos.

Esencia: TALENTO MILITAR.

Clave: *Fuerza energía para vencer en las batallas cotidianas.*

Sealiah, del 3 al 7 de noviembre (10 a 15 grados de Escorpio)

Enseñanzas y virtudes: Triunfo y levantamiento de los humildes y de los decaídos; confusión de los malintencionados y orgullosos; lleva vida y salud a todo lo que respira; facilita el aprendizaje de cualquier cosa; hacer a los ladrones devolver las cosas robadas; el equilibrio de la atmósfera; protección contra el mal de ojo y las agresiones malvadas.

Esencia: MOTOR.

Clave: *Voluntad para empezar cualquier empresa con fuerza.*

Ariel, del 8 al 12 de noviembre (15 a 20 grados de Escorpio)

Enseñanzas y virtudes: Descubrir tesoros ocultos; revelación de los mayores secretos de la Naturaleza y la vida; capacidad profética; sueños y ensueños que producen el deseo de realizarlos; espíritu fuerte y sutil; conseguir resolver los problemas más difíciles; discreción para no llamar la atención sobre lo que hacemos; discreción; instrucción sobre las artes mágicas; protección contra las tribulaciones del espíritu y la conducta inconsecuente.

Esencia: PERCEPCIÓN REVELADORA.

Clave: *Revelaciones para poner en marcha nuevos planes de realización.*

Asaliah, del 13 al 17 de noviembre
(20 a 25 grados de Escorpio)

Enseñanzas y virtudes: Justicia; conocer la verdad en los procedimientos; honradez; elevación de espíritu a la contemplación de las cosas divinas; carácter agradable y justo; comprensión de las leyes espirituales; visualización de las vidas anteriores de una persona; protección contra la inmoralidad, la incitación al escándalo y la propagación de sistemas peligrosos.

Esencia: CONTEMPLACIÓN.

Clave: *Visión de conjunto sobre todas las cosas.*

Mihael, del 18 al 22 de noviembre
(25 a 30 grados de Escorpio)

Enseñanzas y virtudes: Conservar la paz, la armonía y el amor entre esposos; amistad y fidelidad; protección a los que recurren a él; presentimientos e inspiraciones secretas sobre todo lo que ha de pasar; fecundidad en las uniones sexuales; conocimientos de alquimia; protección contra los celos, la inconstancia y la discordia.

Esencia: GENERACIÓN.

Clave: *Fertilidad en todo lo que tu voluntad emprenda.*

ÁNGELES DE SAGITARIO

*Vehuel, del 23 al 27 de noviembre
(0 a 5 grados de Sagitario)*

Enseñanzas y virtudes: Exaltarse hacia Dios para bendecirlo y glorificarlo cuando se está prendado de admiración; convertirse en un gran personaje y obtener distinciones por su talento, su virtud y sus buenas acciones; alma sensible y generosa; distinciones en la literatura, la jurisprudencia y la diplomacia; vida sin penas y en paz; protección contra el odio, el egoísmo y la hipocresía.
Esencia: ELEVACIÓN O GRANDEZA.
Clave: *Volver la mirada hacia lo grande y elevado que hay alrededor.*

*Daniel desde el 28 de noviembre al 2 de
diciembre (5 a 10 grados de Sagitario)*

Enseñanzas y virtudes: Misericordia de Dios y consolación; discernimiento entre justicia e injusticia; justicia y protección en los juicios; ayuda a los magistrados; ayuda para decidirse por algo; inspiración para los indecisos; buena mano en los negocios; elocuencia y gusto por la literatura; protección contra la tentación de vivir por medios ilícitos.
Esencia: ELOCUENCIA.
Clave: *Discernimiento para distinguir entre lo justo y lo injusto.*

*Hahasiah, del 3 al 7 de diciembre (10
a 15 grados de Sagitario)*

Enseñanzas y virtudes: Elevar el alma a la contemplación de las cosas divinas y descubrir los misterios de su sabiduría;

vocación para la Física y la Química; revelación de secretos de la Naturaleza, particularmente la Piedra Filosofal y la Medicina Universal; vocación y gusto por las ciencias abstractas; distinción en la medicina por sus curaciones maravillosas; descubrimientos útiles para la sociedad; protección contra los charlatanes, los que hacen bellas promesas que nunca cumplen y los que abusan de la buena fe.

Esencia: MEDICINA UNIVERSAL O PIEDRA FILOSO-FAL.

Clave: *Sabiduría y discernimiento para descubrir la causa de las enfermedades*

Imamiah, del 8 al 12 de diciembre (15 a 20 grados de Sagitario)

Enseñanzas y virtudes: Anular el poder de los enemigos; protección en los viajes; protección de los prisioneros e inspiración de los medios para obtener la libertad; protección y ayuda a los que buscan la verdad de buena fe y reconocen sus errores sinceramente ante Dios; Paciencia y coraje en las adversidades; gusto por el trabajo y ejecución de lo que desea con facilidad; protección contra el orgullo, la blasfemia y las tendencias pendencieras.

Esencia: EXPIACIÓN DE ERRORES.
Clave: *Paciencia y coraje en las adversidades.*

Nanael, del 13 al 17 de diciembre (20 a 25 grados de Sagitario)

Enseñanzas y virtudes: Inspiración para estudiar Altas Ciencias; ayuda a los eclesiásticos, los profesores, los magistrados y los hombres de ley; gusto por la vida privada, el reposo y la meditación; distinción por sus conocimientos en las ciencias abstractas; conseguir conocimientos trascendentes mediante la meditación; entender el lenguaje de los animales; protección contra la ignorancia y las malas cualidades.

Esencia: COMUNICACIÓN ESPIRITUAL.

Clave: *Contemplación espiritual.*

Nithael, del 18 al 22 de diciembre (25 a 30 grados de Sagitario)

Enseñanzas y virtudes: Misericordia de Dios y larga vida; ayuda en las peticiones que se dirijan a los altos mandos: reyes, príncipes y personalidades civiles y eclesiásticas; ascenso en la vida social; conservación y protección del modo de vida o del empleo y de todo lo que sea legítimo. Protección contra los que nos quieren arrebatar lo que es nuestro.

Esencia: LEGITIMIDAD.

Clave: *Misericordia de Dios y larga vida.*

ÁNGELES DE CAPRICORNIO

Mebahiah, del 23 al 27 de diciembre (0 a 5 grados de Capricornio)

Enseñanzas y virtudes: Aporta consuelo y hace realidad el deseo de tener hijos; elevada moralidad; ayuda a la propagación del bien y las ideas espirituales a través de todos los medios posibles; afán por cumplir sus deberes hacia Dios y hacia los hombres, asistiéndoles en el camino hacia la perfección; protección contra la mentira y la inmoralidad.

Esencia: LUCIDEZ INTELECTUAL.

Clave: *Conseguir que todos los proyectos tengan como premisa el bien de la Humanidad.*

Poyel, desde el 28 al 31 de diciembre
(5 a 10 grados de Capricornio)

Enseñanzas y virtudes: Concede cualquier cosa que necesite para su vida, sus estudios, su profesión, etc.; fama y fortuna debidos a su talento y a su conducta; conocimiento filosófico; modestia; moderación y buen humor que atraerán la admiración y la estima de todo el mundo; talento y conducta que le proporcionarán buena fortuna, aprendizaje de cualquier cosa del pasado, presente y futuro; protección contra la ambición, el orgullo y la tentación de elevarse presuntuosamente por encima de los demás.

Esencia: SOSTÉN, FORTUNA, TALENTO Y MODESTIA.

Clave: *Concede cualquier cosa que necesites en tu vida.*

Nemamiah, del 1 al 5 de enero (10 a
15 grados de Capricornio)

Enseñanzas y virtudes: Prosperidad en todas las cosas; hace que los prisioneros sean liberados; ayuda a los que combaten por una causa justa; ayuda a los inventores, sobre todo en la industria del acero; gusto por la carrera militar; grandeza de espíritu; capacidad para soportar las fatigas; protección contra la cobardía y la tentación de atacar a las personas indefensas.

Esencia: ENTENDIMIENTO O DISCERNIMIENTO.

Clave: *Prosperidad en todas las cosas y entendimiento para comprender el plan del Yo Superior.*

Ieialel, del 6 al 10 de enero (15 a
20 grados de Capricornio)

Enseñanzas y virtudes: Curación de enfermedades, especialmente el mal de ojo; energía para combatir la tristeza y consuelo para las penas; ayuda en los trabajos que se relacionen con el hierro, el acero y el metal; franqueza y bravura; confusión de los malvados y los falsos testigos; protege contra la cólera.

Esencia: FORTALEZA MENTAL.

Clave: *Fortaleza para dominar las pasiones y los impulsos negativos.*

Harahel, del 11 al 15 de enero (20 a 25 grados de Capricornio)

Enseñanzas y virtudes: Finalización de un periodo estéril; protección contra la esterilidad de las mujeres; respeto y sumisión de los hijos hacia los padres; descubrimiento de tesoros; buena organización de los fondos públicos, los archivos y las bibliotecas; ayuda a los comerciantes, a la imprenta, a la editorial, a la librería y a todos los negocios de comunicación; distinción por sus talentos y su fortuna; protección contra la quiebra, la ruina y la destrucción por incendios.

Esencia: RIQUEZA INTELECTUAL.

Clave: *Riqueza intelectual para poder escribir y expresar con éxito cualquier cosa.*

Mitzrael, del 16 al 20 de enero (25 a 30 grados de Capricornio)

Enseñanzas y virtudes: Curación las enfermedades del alma y de la mente; la liberación de los que nos persiguen; reconocimiento social de los talentos y las virtudes de la persona; fidelidad de los subalternos a los superiores; buenas cualidades de cuerpo y alma; buen humor y larga vida; protección contra la insubordinación.

Esencia: REPARACIÓN.

Clave: *Energía necesaria para curar y reparar aquello que lo necesita.*

ÁNGELES DE ACUARIO

Umabel, del 21 al 25 de enero (0 a 5 grados de Acuario)

Enseñanzas y virtudes: Conseguir amistades (citar el nombre); aprendizaje fácil de la Astrología, la Astronomía, la Física y las Ciencias Ocultas; gusto por los viajes agradables y todos los placeres honestos; consuelo en las penas de amor; felicidad y alegría; protección contra el libertinaje y la entrega a placeres contrarios al orden cósmico.
Esencia: AFINIDAD, AMISTAD, ANALOGÍA.
Clave: *Muchas amistades y capacidad para el aprendizaje de las altas ciencias.*

Iah-Hel, del 26 al 30 de enero (5 a 10 grados de Acuario)

Enseñanzas y virtudes: Afán de saber; sabiduría; ayuda a los filósofos y los que buscan la luz y el conocimiento; proporciona lugares de tranquilidad y de soledad; buen entendimiento entre cónyuges; distinción por su modestia y sus virtudes; desprendimiento; protección contra el escándalo, el lujo y el divorcio.
Esencia: AFÁN DE SABER.
Clave: *Afán por saber lo que se esconde detrás de todas las cosas.*

Anauel, del 31 de enero al 4 de febrero
(10 a 15 grados de Acuario)

Enseñanzas y virtudes: Llevar el mensaje espiritual de Cristo a las naciones; protección contra los accidentes; buena salud y curación de enfermedades con todo tipo de terapias; capacidad para desempeñar trabajos relacionados con la banca y el comercio; espíritu sutil e ingenioso; espíritu sutil e ingenioso; protección contra la locura, la prodigalidad y la ruina por el mal comportamiento.

Esencia: PERCEPCIÓN DE LA UNIDAD.

Clave: *Energía y fuerza para llevar un mensaje espiritual a las naciones.*

Mehiel, del 5 de enero al 9 de febrero (15 a 20 grados de Acuario)

Enseñanzas y virtudes: Protección contra los instintos, los animales feroces y las fuerzas del mal; capacidad para expresarse por escrito; éxito en trabajos de imprenta y librería; distinción en la literatura; concede las plegarias de los que esperan misericordia de Dios; ayuda a los sabios, los oradores, los autores y los profesores; protección contra los falsos sabios, las controversias, las disputas literarias y la crítica.

Esencia: VIVIFICACIÓN.

Clave: *Energía para vivificar a los que están dormidos, dándoles ánimos para seguir adelante.*

Damabiah, del 10 de enero al 14 de febrero (20 a 25 grados de Acuario)

Enseñanzas y virtudes: Protección contra los sortilegios; sabiduría y éxito en empresas útiles; ayuda en las expediciones marítimas y las construcciones navales; ayuda a los marineros, los pilotos, la pesca y a los comercios relacionados con el mar; descubrimiento que puede valer una fortuna; protección contra las tempestades y los naufragios, tanto físicos como morales.

Esencia: FUENTE DE SABIDURÍA.

Clave: *Energía para poder enfrentarse a cualquier situación.*

Manakel, del 15 de enero al 19 de febrero (25 a 30 grados de Acuario)

Enseñanzas y virtudes: Calmar la cólera de Dios y curar el mal pasajero; influye sobre el sueño (para conciliarlo) y sobre los sueños; bellas cualidades de cuerpo y de alma; carácter dulce que atrae la amistad y la benevolencia de las gentes de bien; discernimiento para conocer el bien y el mal; protección contra las malas cualidades físicas y morales.

Esencia: CONOCIMIENTO DEL BIEN Y DEL MAL.

Clave: *Discernir entre lo positivo y lo negativo en la vida cotidiana.*

ÁNGELES DE PISCIS

Eiael, del 20 al 24 de febrero (0 a 5 grados de Piscis)

Enseñanzas y virtudes: Consuelo en las adversidades; adquisición de sabiduría; larga vida; ayuda en el estudio de las ciencias ocultas, la cábala, la astrología, la física y la filosofía; iluminación por el espíritu de Dios; descubrimiento de la verdad; dominio sobre los cambios; protección contra los sistemas erróneos, las equivocaciones y los prejuicios.

Esencia: TRANSUSTANCIACIÓN.

Clave: *Sabiduría y larga vida.*

Habuiah, del 25 de febrero al 1 de marzo (5 a 10 grados de Piscis)

Enseñanzas y virtudes: Conservar la salud y curar las enfermedades; fecundidad en las mujeres, cosechas abundantes, amor por el campo, la agricultura y la jardinería; protege contra la esterilidad, las enfermedades y plagas del campo y el hambre.

Esencia: CURACIÓN.

Clave: *Energía para conservar la salud y curar enfermedades.*

Rochel, Del 2 al 6 de marzo (10 a 15 grados de Piscis)

Enseñanzas y virtudes: Encontrar los objetos perdidos o robados y reconocer a la persona que los ha cogido; obtener renombre, fortuna, legados y donaciones; ser un buen magistrado, abogado, notario o juez y tener conocimiento de los usos y costumbres y las leyes de todos los pueblos; protege contra los jueces y abogados sin escrúpulos que causan la ruina a las familias y a los herederos legítimos.

Esencia: RESTITUCIÓN.

Clave: *Renombre y fortuna y encontrar objetos perdidos o robados.*

Jabamiah, del 7 al 11 de marzo (15 a 20 grados de Piscis)

Enseñanzas y virtudes: Fecundidad; protección a los que quieren regenerarse, regeneración de las naturalezas corrompidas (curación de drogadictos y alcohólicos), purificación; ser una de las primeras luces en filosofía; poderes paranormales; recuperación de las prerrogativas que Dios dio a la persona al crearlo; protección contra la proclamación de las doctrinas erróneas y el ateísmo.

Esencia: ALQUIMIA, TRANSMUTACIÓN.

Clave: *Poder de regeneración.*

Haiaiel, del 12 al 16 de marzo (20 a 25 grados de Piscis)

Enseñanzas y virtudes: Confusión de los malvados y liberación de los que quieren oprimirnos; protección a todos los que recurren a él, les da la victoria y la paz; energía para la lucha cotidiana; distinciones por el valor, el talento y la actividad; discernimiento; protección contra la discordia y las tendencias a la traición.

Esencia: DISCERNIMIENTO Y PROTECCIÓN.

Clave: *Discernimiento para poder distinguir lo verdadero de lo falso.*

Mumiah, del 17 al 21 de marzo (25 a 30 grados de Piscis)

Enseñanzas y virtudes: Protección en las operaciones misteriosas; lograr todas las cosas; conducir cada experiencia hasta su fin; distinción en la medicina, la física y la química; vida larga y buena salud; revelación de secretos que harán el bien a los niños de la Tierra; entusiasmo para ayudar a los pobres; protección contra la desesperación y las tendencias autodestructivas.

Esencia: RENACER.

Clave: *Finalización y nuevo comienzo*[1].

---

[1] Para más información sobre el tema de los ángeles y la Astrología, véanse mis libros: Ángeles protectores y Ángeles, las fuerzas ocultas del Universo, publicados por esta editorial.

OTROS TÍTULOS PUBLICADOS POR ESTA EDITORIAL

EL OTRO LADO DE LA MUERTE.
Experiencias reales con el Más Allá

Innumerables testimonios de aquellos que han tenido experiencias con familiares o personas que han pasado al otro lado, y su vivencia ha sido tan real como cualquier otra que haya podido tener en la vida cotidiana.

ÁNGELES PROTECTORES

Descubre a tu ángel guardián y benefíciate de sus virtudes!
Un libro para alcanzar el amor, la salud y la prosperidad a través los ángeles.

EL MENSAJE OCULTO DE LOS ASTROS

Un manual completo de Astrología, tanto para el principiante como para el astrólogo avanzado. Extensa interpretación astrológica, y, además, se adentra en el tema de las Sinastrías, la Astrología médica y la Parte de la Fortuna, con muchos ejemplos interesantes.

CÓMO INTERPRETAR UN HORÓSCOPO SIN AYUDA DE NADIE

Enseñanzas básicas para interpretar un horóscopo. Aprenda lo más necesario de su carta astral sin necesidad de hacer cursos interminables.

GUÍA PARA INTERPRETAR LOS SUEÑOS.

Esta guía, escrita con un estilo claro y sencillo, ha sido pensada para que cualquiera, con una simple ojeada, pueda descifrar el mensaje que ha recibido en sueños y poder así realizar su misión con más acierto y más alegría de vivir

LOS 12 SIGNOS DEL ZODIACO
(ESENCIA CÓSMICA)

Una colección esencial, con un estudio
completo de cada signo: personalidadad, afinidades
e incompatibilidades en al amor, salud, trabajo, ángeles
y fuerzas de los astros, etc.

JESÚS Y CRISTO, HISTORIA OCULTA DE UNA MISIÓN DIVINA

¿Quién es Jesús?, ¿quién es Cristo?, ¿cuál fue su Misión?, ¿está cerca Su segunda venida? ¿En que punto evolutivo se encuentra la Humanidad actualmente? ¿Por qué se produjo la caída terrenal y que consecuencias tuvo para el ser humano?
Todas estas preguntas, y muchas más, son contestadas con claridad en este libro revelador.

¿LA MUERTE? ¡NO EXISTE!

Un libro interesante, donde se analiza por qué la muerte no es lo que parece: un adiós definitivo, sino la transición a otro estado de conciencia, donde seguimos viviendo y evolucionando con nuestro verdadero Ser o Alma.
El libro hace un recorrido por todas las situaciones en las que puede verse una persona que abandona este mundo.

LA CIENCIA DE LA SALUD. MEDICINA PSÍQUICA

Métodos orientales que no solo nos enseñan a curarnos a nosotros mismos, sino también a los demás.

EL GÉNESIS DESCIFRADO

El primer libro bíblico es el Génesis, un libro fundamental, primero de los cinco que, según la tradición, fue revelado a Moisés mientras estaba en el desierto con el pueblo de Israel camino de la tierra prometida. Fabre d'Olivet realizó una traducción correcta, después de restablecer la lengua hebrea, que se había perdido en sus principios originales, esta obra es el resultado de la traducción de los diez primeros capítulos del Génesis a partir del original hebreo.

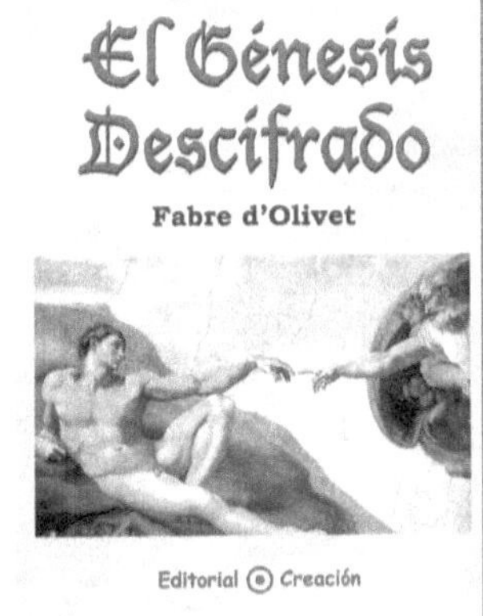

SABIDURÍA OCCIDENTAL O CIENCIA OCULTA CRISTIANA

VOL. I, II Y III

LA NUEVA EDICIÓN DE RECIENTE TRADUCCIÓN DE *EL CONCEPTO ROSACRUZ DEL COSMOS*

Enseñanzas que responden a las tres grandes preguntas de la Humanidad:
¿De dónde venimos?, ¿qué hacemos aquí?, ¿adónde vamos?

EL MANUSCRITO DEL DISCÍPULO AMADO

Narrativa:

Un manuscrito inédito, atribuido al apóstol San Juan, que ha sido custodiado por los hermanos mayores durante dos mil años, sale ahora a la luz con el fin de impulsar el nacimiento Crístico en el corazón humano.

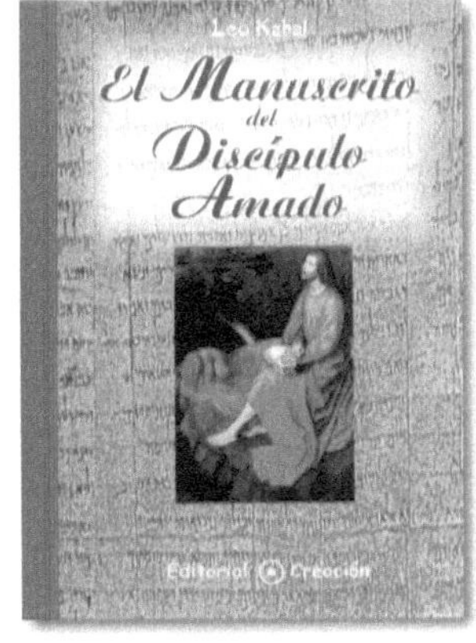